Turismo, flujos migratorios y lengua

STUDIEN ZUR ROMANISCHEN SPRACHWISSENSCHAFT UND INTERKULTURELLEN KOMMUNIKATION

Herausgegeben von
Gerd Wotjak, José Juan Batista Rodríguez und Dolores García-Padrón

186

PETER LANG

Elke Cases Berbel

Turismo, flujos migratorios y lengua

PETER LANG

Información bibliográfica publicada por la Deutsche Nationalbibliothek
La Deutsche Nationalbibliothek recoge esta publicación en la Deutsche
Nationalbibliografie; los datos bibliográficos detallados están disponibles
en Internet en http://dnb.d-nb.de.

Catalogación en publicación de la Biblioteca del Congreso
Para este libro ha sido solicitado un registro en el catálogo CIP
de la Biblioteca del Congreso.

Esta publicación ha sido financiada por Consejería de Ciencia, Universidades e
Innovación de la Comunidad de Madrid y Fondo Social Europeo

inmigra
Grupo I+D

**Comunidad
de Madrid**

UNIÓN EUROPEA
Fondo Social Europeo
El Fondo Social Europeo invierte en tu futuro

ISSN 1436-1914
ISBN 978-3-631-88825-4 (Print)
E-ISBN 978-3-631-88826-1 (E-PDF)
E-ISBN 978-3-631-88827-8 (EPUB)
DOI 10.3726/b20120

© 2023 Peter Lang Group AG, Lausanne
Published by Peter Lang GmbH, Berlin, Deutschland

info@peterlang.com - www.peterlang.com

Esta publicación ha sido revisada por pares.

PUBLISHER

U4:

El sector turístico, uno de los motores de la economía española, trae consigo la creación de puestos de trabajo y ofrece oportunidades tanto a nativos, como a los flujos migratorios que alcanzan España y que, desde la entrada de nuestro país en la CEE, han sufrido un incremento enorme. Esta monografía hace un recorrido por el desarrollo del turismo, con la explicación terminológica y presentación de datos, así como por las diferentes migraciones que han tenido lugar desde y hacia España, para investigar finalmente los lazos que unen estos dos fenómenos entre sí y la vinculación de estos con el idioma de los migrantes. Así, podremos ver si su integración, posibilidades emprendedoras o asimilación dependen de su lugar de procedencia y, por ende, de la cultura que traen consigo.

Elke Cases Berbel es traductora-intérprete jurada por el MAEUC de España, doctora en lingüística, licenciada en Traducción e Interpretación y graduada en Empresas y Actividades Turísticas. En la actualidad da clases en la Universidad Complutense de Madrid, es miembro del proyecto de investigación INMIGRA3-CM (H2019/hum-5772) y del grupo de investigación de la UCM 930235 PAREFRAS. Sus líneas de investigación incluyen: Turismo, traducción e inmigración, paremias y fraseología, alemán para extranjeros (DaF), traducción jurídica y económica y traducción automática neuronal.

A mi familia,
por el amor incondicional que me brinda cada día.

Agradecimientos

A Paola Nieto, por su sensata y gentil supervisión del libro y por su inagotable apoyo y amistad. Sin ella, esta investigación no hubiera sido fructífera. A Celia Rico, que me empujó a escribir el libro y me brindó apoyo y consejos muy útiles, además de su amistad. A Pablo Bobis, que me ayudó a encontrar el tiempo para trabajar en esta monografía. A Julia Sevilla y Salud Jarilla, por mostrarme el camino de la investigación y regalarme su amistad. A Kerstin Schwandtner por su revisión y sus acertadas propuestas. Gracias por su tiempo y sus palabras para esta obra. Al Instituto Nacional de Estadística, no solo por su gran labor, sino por la ayuda que me han prestado cada vez que se la he pedido, para así poder manejar los datos con rigor. A Peter Lang, cuya ayuda fue crucial para concluir este proyecto. Y, finalmente, a todos aquellos de los que injustamente me olvido.

Prólogo

No cabe duda de la importancia del sector turístico en el mundo, a pesar de la evidente disminución de turistas durante estos últimos años, debido a las medidas de protección contra el virus de la covid-19, que ha segado la vida de cerca de 7 millones de personas en todo el mundo. Tanto es así, que es una de las actividades que más riqueza produce, cerca del 12 % del PIB mundial.

Si nos centramos en España, el turismo es el sector más importante, no solo por su aportación al PIB, sino también porque genera muchos puestos de trabajo, tanto directos como indirectos. Este hecho trae consigo impactos positivos y negativos, que la autora de esta obra, titulada *Flujos migratorios, turismo y lengua*, la Dra. Elke Cases Berbel, presenta con rigor y precisión. Puede ser útil no solo para profesionales del turismo, sino también para cualquiera que quiera adentrarse en la historia del turismo en España, su clasificación, los grupos que pertenecen a este sector, los datos que maneja o los problemas y debilidades que presenta.

Además, esta fuente de riqueza también atrae a flujos migratorios, que abandonan su país de origen debido a diferentes causas, como son conflictos, inestabilidad política, crisis económicas o humanitarias, o simplemente la búsqueda de un futuro mejor. España, que antaño era un país emigrante, se ha convertido gracias a su entrada en la CEE y su consecuente estabilidad política y económica, en un país que acoge a inmigrantes más desfavorecidos. La autora igualmente hace un recorrido extraordinario por la migración entrante y saliente de España, vinculando a cada movimiento que presenta la importancia de la lengua de dichos inmigrantes o emigrantes. Por otro lado, recoge multitud de datos de interés, tanto para inmigrantes, como son los tipos de autorizaciones para la residencia, los organismos, fundaciones y ONG que ofrecen ayudas a inmigrantes, como datos sobre empresarios, la inmigración ilegal o los problemas del sector.

Kerstin Schwandtner
Responsable de prensa en el sector turístico,
lingüista y traductora

Índice

Introducción

La Organización Mundial del Turismo (OMT) define el término *turismo* en su glosario de la siguiente manera:

> El turismo es un fenómeno social, cultural y económico que supone el desplazamiento de personas a países o lugares fuera de su entorno habitual por motivos personales, profesionales o de negocios. Esas personas se denominan viajeros (que pueden ser o bien turistas o excursionistas; residentes o no residentes) y el turismo abarca sus actividades, algunas de las cuales suponen un gasto turístico (OMT, 2022).

Esta industria de los viajes y el turismo es uno de los sectores que más beneficios económicos aporta a nivel global y representa el 10,4 % del PIB mundial (datos obtenidos de 111 países del año 2017) (Pedak, 2018: 4). Esta industria es especialmente relevante en España, ya que pertenece a los países más visitados del mundo. Así, según cifras de la OMT recogidas en mayo de 2021[1], los países con más visitas del mundo son (en millones): (1) Francia (89.400), (2) España (83.509), (3) Estados Unidos (79.256), (4) China (65.700), (5) Italia (64.513), (6) Turquía (51.192), (7) México (45.024), (8) Tailandia (39.797), (9) Alemania (39.563) y (10) Reino Unido (39.418) (OMT, 2021).

Estos datos, sin lugar a dudas, se han visto afectados negativamente por la pandemia causada por la covid-19 desde marzo de 2020. Esta ha provocado una emergencia mundial enorme y uno de los sectores que más ha sufrido por esta situación es el turístico, que se divide en las siguientes actividades (INE, 2022):

1. Hostelería (servicio de alojamiento y servicio de comidas y bebidas);
2. Transporte de viajeros (transporte marítimo, aéreo, terrestre, etc.);
3. Otras actividades turísticas (como agencias de viajes, entretenimiento, exposiciones, etc.).

---

1 Estos datos recogen cifras de 2019, antes de que la pandemia de la covid-19 redujese el flujo turístico mundial. Hemos optado por presentar estas cifras, ya que las cifras posteriores no son representativas, debido a las restricciones que la covid-19 obligó a imponer y que se están levantando progresivamente.

Precisamente debido a la importancia del sector turístico uno de los países
más afectados por las restricciones derivadas de esta pandemia ha sido
España, ya que prácticamente todos los países cerraron sus fronteras y el
Gobierno español no solo restringió la llegada de turistas, lo que provocó
el cierre de hoteles, agencias de viajes, etc., sino también el turismo interior español, que se vio muy mermado por causa de los confinamientos,
los cierres perimetrales, los toque de queda, etc. De hecho, se produjo un
descenso de la actividad turística del 73 % en 2020 y del 72 % en 2021
(OMT, 2022a), lo que ha ocasionado una pérdida de 1.100 millones en
2020 y 1.000 millones en 2021. Esto se traduce en que el turismo ha vuelto
a cifras de los años 90 (*Ibidem*).

Este parón económico se vio igualmente reflejado en los flujos migratorios hacia España y hacia todo el mundo. En este punto cabe resaltar que
estos flujos se deben considerar como un fenómeno permanente e inacabado,
resultado de diversas características (procesos económicos, demográficos,
político-sociales y colectivos) y que se deben analizar desde una perspectiva
global (Lacomba 2008: 9). Así, los datos del Instituto Nacional de Estadística (INE) muestran que, mientras que en 2019 hubo 748.759 inmigrantes,
en 2020 esta incidencia bajó a 465.721 y a 173.170 en 2021 (Fernández,
2022a), lo que nos lleva a un saldo migratorio[2] prácticamente nulo. Estos
flujos migratorios son también muy importantes en nuestro país, ya que
España es la puerta hacia Europa, desde África por su cercanía, y desde
Iberoamérica por sus lazos lingüísticos y culturales con nuestro país.

Estos dos fenómenos, el turismo y los flujos migratorios, tan importantes
para España, se han estudiado hasta la saciedad por separado, pero pocos
académicos han analizado los lazos de ambos.

Esta monografía tiene el propósito de llevar a cabo un breve recorrido
por la historia del turismo y de las migraciones, para después centrar-
nos en los lazos que unen estos dos fenómenos y ver qué relación existe
entre ambos. Para ello analizaremos, además, la vinculación de estos flujos
migratorios hacia nuestro país con los diferentes idiomas originarios de los
migrantes. Con estos datos, presentaremos un estudio sobre la incidencia
que tiene la mano de obra inmigrante en el turismo y su vinculación con
la lengua española.

---

2   Flujo de inmigraciones menos el flujo de emigraciones.

PARTE I

1. España y el turismo

El sector turístico se considera un sistema abierto y dinámico, donde interactúan muchos elementos (Romero Ternero, 2014): por un lado, los turistas como ejes principales del sistema, sin los que no sería posible la supervivencia de este sector y, por el otro, los espacios urbanos o naturales donde se disfruta del turismo, el clima y los elementos socioculturales. La marca España va íntimamente ligada a este sistema. Así, cuando se menciona España en cualquier país, se piensa en turismo de costas, con sus playas, su gastronomía o en sus actividades culturales. Fruto de ello, el sector turístico es el principal empleador directo en España, con un total de 12,1 % de la población de España trabajando en él (EPA, 2022). De hecho, la tasa de paro nacional se situó en 13,6 %, mientras que en el sector del turismo fue del 11,8 %[3] durante el primer trimestre de 2022, casi dos puntos por debajo.

Si nos remontamos a sus inicios, el gran auge del turismo en España tuvo lugar a partir de 1950, con algunos descensos puntuales debido a diversas crisis económicas (Pellejero Martínez, 2002). Desde entonces, el objetivo de este sector siempre ha sido el máximo crecimiento, para lo que se traspasaron las competencias del sector a las diferentes comunidades autónomas (*Ibidem*), descentralizando las competencias.

Con el aumento del turismo, aparecen también los primeros Planes de Turismo[4], que tenían como objeto coordinar las estrategias del sector y establecer políticas nacionales de diferenciación, que veremos con más detalle en el punto 1.5. (potenciación del sector turístico en España), y

---

3   Esta cifra no recoge como parados a los trabajadores afectados por el Expediente de Regulación Temporal de Empleo (ERTE), que se consideran ocupados a efectos de su clasificación.

4   Los diferentes Planes que se han implementado en nuestro país han sido: (1) el Plan Marco de Competitividad del Turismo Español (Plan Futures I), de 1992 a 1995, (2) El Segundo Plan para la Competitividad del Turismo Español (Plan Futures II), de 1996-1999, (3) El Plan Integral de Calidad de Turismo Español (PICTE), de 2000 a 2006, (4) El Plan de Turismo Horizonte 2020, de 2008 a 2020 (Carvajal Salazar, 2020) y (5) El Plan Nacional e integral del Turismo (PNIT), de 2020 a 2030 (Segittur: 2022).

buscar una armonización entre el turismo y la atención a los recursos naturales y culturales del país.

Un análisis por ramas de las actividades turísticas muestra que durante los dos primeros trimestres del 2022 aumentó la ocupación en todas, menos en el transporte de viajeros, donde bajó al 7,1 %. Así, en la rama de la restauración subió al 17,4 %, en alojamientos a 39,4 % y en agencias de viaje a 23,7 %.

Con la expansión del turismo y su consecuente fomento, el mercado turístico trae consigo una gran influencia, tanto positiva como negativa, en tres sectores: el económico, el sociocultural y el medioambiental (Mason, 2008; García-Almeida, 2011).

1.1. Impacto económico del turismo

Como ya hemos mencionado anteriormente, la industria turística constituye un pilar de la economía española y los servicios suponen casi dos tercios del PIB de España (Fernández, 2022a), con 16.127.000 de ocupados en este sector (INE, 2022a). Si nos centramos en el PIB turístico, este aumentó hasta el 7,4 % durante el 2021, un 1,9 % más que en el año 2020. Estos datos, que suponen 88.546 millones de euros, se han visto muy reducidos debido a la pandemia, ya que el sector turístico ha sido uno de los más afectados por las restricciones por la covid-19 (rtve, 2022).

A la luz de estos datos, podemos afirmar que España, como destino turístico, ha alcanzado su etapa de madurez. Este concepto, acuñado por Butler (1980), trata el turismo como producto de *marketing* y hace referencia a su ciclo de vida, ligado al ciclo de vida de la zona turística. De esta manera, las zonas turísticas que, como España, han llegado a una etapa de madurez, necesitan innovar y «reinventarse», para seguir siendo atractivas a flujos turísticos nuevos. Normalmente tienen ya un segmento de mercado muy específico y marcado, por lo que no despiertan el interés de otros mercados (Butler, 2012). Por ello, y con el fin de rejuvenecer el mercado turístico español, es de suma importancia que siga siendo dinámico, se adapte a las nuevas tecnologías y ofrezca productos innovadores. Uno de los factores clave para ello es la formación continua de los trabajadores. Para ello, el 66,5 % de las empresas hosteleras impartieron cursos de formación a sus empleados, consiguiendo así mejorar sus conocimientos y habilidades y ofrecer al mercado turísticos profesionales de calidad (INE, 2020).

1.2. Impacto sociocultural del turismo

Bajo «impacto sociocultural» entendemos todos los cambios sociales y culturales que tienen lugar en una sociedad debido al desarrollo turístico, la interacción entre turistas y la población, el cambio del comportamiento individual, en el estilo de vida, etc. Entre los positivos podemos resaltar tres (Carvajal, 2020):

1. El sector turístico puede traer consigo una inversión para la rehabilitación de diferentes partes de la ciudad, como los cascos históricos, zonas antiguas, las plazas, etc. Esta inversión no solo ayuda al fomento del interés histórico y artístico de la localidad, sino que también contribuye a la conservación de recursos naturales en áreas rurales.
2. El intercambio cultural que se produce entre los visitantes y los nativos puede presentar grandes ventajas, como el respeto y la tolerancia. Además, consigue que los nativos valoren sus riquezas y sus tradiciones, a la vez que conocen otras formas de vida y culturas.
3. Al ser un sector tan sólido, crea muchos puestos de trabajo, como ya hemos mencionado en el punto 1.1., lo que presenta muchas oportunidades laborales para los vecinos de una localidad.

Entre los impactos negativos encontramos (*Ibidem*):

1. Cuando el sector turístico se concentra en una zona específica, esto produce un aumento de las rentas y de los precios en los comercios. Esto lleva a que muchas personas de esa localidad tengan que abandonarla, ya que no pueden hacer frente al encarecimiento de la vivienda, los productos y los servicios.
2. Se pueden generar tensiones entre colectivos, que fomentan el odio al extraño.
3. En algunas localidades el desarrollo es excesivamente rápido o está masificado, lo que cambia completamente el estilo de vida de los autóctonos.

Estos impactos negativos han llevado en algunas partes de nuestro país a un gran auge de la llamada «turismofobia», que no es más que la aversión y el rechazo social de los residentes hacia los turistas (*Ibidem*) y al que le dedicamos el punto 1.5.

Desde el punto de vista demográfico, las nacionalidades que más visitaron España en 2021 fueron Alemania, Francia, Italia, Países nórdicos y Reino Unido[5] (INE, 2022: 2). Si segmentamos por comunidades autónomas, las preferidas por los turistas en el año 2021 han sido las islas Canarias (36,3 %), Andalucía (14,5 %), Cataluña (14 %), la Comunidad de Madrid (13 %), la Comunidad Valenciana (10,9 %) y las islas Baleares (4,3 %)[6] (*Ibidem*: 3).

1.3. Impacto medioambiental del turismo

Desde Europa, la federación EUROPARC puso en marcha La Carta Europea de Turismo Sostenible en Espacios Naturales Protegidos (CETS) en 2001, cuyo objetivo es promover el desarrollo del turismo en los espacios naturales protegidos de Europa de forma sostenible. La adhesión a la CETS es voluntaria y va orientada a los gestores de espacios naturales protegidos y a empresas que operan en estas áreas restringidas, y su objeto es un crecimiento sostenido sin dañar las zonas (Europarc: 2022). Por el momento existen 38 parques adscritos a esta CETS en España, todos ellos recogidos en la página oficial de turismo de España (Turismo España, 2022), donde se pueden encontrar sus peculiaridades.

Además, el Plan Nacional de Adaptación al Cambio Climático (PNACC)[7] también le dedica una línea estratégica al turismo, debido a que este está

---

5   Si analizamos los gastos acumulados, los alemanes son los turistas que mayor gasto han realizado (17,7 %), seguidos de los británicos (13,7 %) y los franceses (13 %) (*INE, 2022b*: 3).

6   Si analizamos los gastos acumulados de los turistas internacionales, los destinos principales han sido las islas Baleares (19 %), las islas Canarias (19 %) y Cataluña (15,8 %).(INE, 2022b: 4)

7   El primer Plan Nacional de Adaptación al Cambio Climático se aprobó en 2006 y su objetivo era dar a conocer los problemas del cambio climático y planificar y adaptar los distintos ámbitos a este. El PNACC depende de la Oficina Española de Cambio Climático (OECC), oficina que lleva a cabo numerosos programas de ayuda a la estructuración y priorización de actividades propuestas por el PNACC. Tras los resultados tan positivos de este primer Plan, el 22 de septiembre de 2020 se aprobó, a propuesta del Ministerio para la Transición Ecológica y el Reto Demográfico, el segundo Plan de Adaptación al Cambio

asociado a las condiciones climatológicas de nuestro país. Advierte de que los tipos de turismo más vulnerables al cambio climático son el turismo de sol y playa y el de montaña, siendo el turismo de nieve la categoría más afectada (Gómez Royuela, 2016). El PNACC ha presentado los siguientes cuatro informes para analizar el impacto del cambio en el sector turístico en España:

– «Adaptación al cambio climático de zonas urbanas costeras con elevada densidad de población e interés turístico y cultural en España» (2017): lleva a cabo un estudio detallado de la subida del nivel del mar y de las tormentas costeras, capaces de influir en la erosión costera y producir inundaciones.
– «Impactos, vulnerabilidad y adaptación al cambio climático en el sector turístico» (2016): presenta un análisis de los impactos, la vulnerabilidad y la adaptación al cambio climático, tanto en el sector turístico de todo el país, como a nivel local, autonómico, nacional e internacional.
– «Costes y beneficios de la adaptación al cambio climático en el sector del turismo de invierno en España» (2016): muestra un análisis sobre los impactos del cambio climático en el turismo de nieve, especialmente en el turismo de esquí alpino. Analiza las consecuencias a nivel regional y local, los costes y beneficios para este tipo de turismo y el fomento de innovación artificial para ampliar las jornadas, así como la posible instauración de esquí nocturno.
– «Evaluación de la vulnerabilidad del turismo de interior frente a los impactos del cambio climático» (2010): ofrece un análisis de los impactos y la vulnerabilidad al cambio climático de los distintos tipos de turismo de interior. Para ello presenta diversas medidas que pueden ayudar a los agentes responsables a la adaptación al cambio climático. También identifica las necesidades, debilidades y las amenazas derivadas de este, para intentar ofrecer soluciones para cuando se vuelva una realidad.

Climático para el periodo 2021-2030, que incorpora nuevos compromisos internacionales y la divulgación de los riesgos derivados del cambio climático, con un Programa de Trabajo, que ya se ha puesto en marcha y que está previsto para el 2021-2025 (Gómez Royuela, 2016).

Por otro lado, para conocer con más precisión los datos reales del turismo, la Cuenta Satélite del Turismo de España (CSTE)[8], un sistema elaborado por Instituto Nacional de Estadística (INE), analiza y mide el impacto del turismo en la economía española.

En 2020 el sector turístico español se enfrentó a la peor crisis de toda su historia, causada por la pandemia de la covid-19 y el consecuente cierre del espacio aéreo, las restricciones en la libre circulación, toques de queda, confinamientos, etc. Tras dos años, en 2022 España recupera los niveles de empleo prepandémicos (Turespaña, 2022a). Esto lo muestra el crecimiento de todas las ramas de esta actividad, con 226.406 nuevos afiliados en restauración, 130.936 en los servicios de alojamientos, 4.567 en agencias de viaje y 104.069 en otras actividades turísticas, lo que supone un crecimiento del sector del 22,3 % respecto al año anterior.

1.4. El sector turístico: denominación, clasificación y organización

Bajo sector turístico, o turismo, se entiende cualquier actividad realizada por una persona identificada como un visitante y que viaja cumpliendo ciertas condiciones, como son de vacaciones, de ocio y recreo, de negocios, sanitario, de educación u otros propósitos (OMT, 2010: 1).

Según la OMT (*Ibidem*: 15), el turismo se puede clasificar en las siguientes tres formas básicas:

1. El turismo interno: se refiere a las actividades realizadas por un visitante residente en el país de referencia como parte de un viaje turístico interno o de un viaje turístico emisor.
2. El turismo receptor: este abarca todas las actividades que lleva a cabo un visitante extranjero como parte de un viaje turístico receptor.

---

8   Este sistema se presentó por primera vez en junio de 2002 de manera conjunta por el INE, el Banco de España y la Secretaría General de Turismo (antes llamada Instituto de Estudios Turísticos). A través de la Cuenta Satélite del Turismo (CST), presenta desde entonces diversas cuentas y tablas interrelacionadas y con respecto a un determinado ejercicio, que muestran diferentes parámetros económicos del turismo (oferta y demanda). Así, ofrecen mediciones detalladas y analizadas sobre la aportación del turismo a la economía de España (CSTE: 2004).

3. El turismo emisor: este incluye todas las actividades que realiza un visitante residente fuera de su país de origen, tanto en un viaje turístico interno como en uno receptor.

Estas formas básicas pueden combinarse de diferentes maneras, lo que da formas de turismo adicionales (*Ibidem*: 16):

1. El turismo interior: que comprende las actividades de un visitante residente dentro de su país;
2. El turismo nacional: que engloba el turismo interno y el emisor, es decir, las actividades que realizan tanto los residentes como los extranjeros del país, como parte de sus viajes turístico; y
3. El turismo internacional: que engloba el turismo receptor y el emisor, es decir, tanto los visitantes de un país fuera de este, como los visitantes extranjeros en ese país.

Desde el punto de vista económico, esto lleva a la CSTE a diferenciar entre el gasto en el consumo final del turista y el consumo final efectivo, donde hay tres conceptos fundamentales (desde el punto de vista de la demanda), que son (CSTE, 2004):

1. El consumo turístico interno: se refiere a los gastos de los visitantes residentes
2. El consumo turístico receptor: se refiere a los gastos de los visitantes no residentes
3. El consumo turístico emisor: se refiere a los gastos de visitantes fuera de su territorio de origen.

Además, clasifica los productos (relacionados con el turismo) en bienes y servicios específicos, es decir, directamente vinculados con el turismo, y bienes y servicios no específicos, con una vinculación indirecta. Dentro de los específicos, la CSTE hace una subdivisión en (a) bienes y servicios característicos, cuyo consumo está directamente relacionado con el turismo, y (b) conexos, consumido por turistas, aunque no se relacionen directamente con el turismo. Con los datos de estos productos, las Cuentas Satélites de Turismo (CST) de los países delimitan las actividades productivas que proporcionan productos destinados al turismo (la oferta). Estos datos ofrecen cifras bastante certeras sobre los ingresos procedentes del turismo (*Ibidem*). Además, basándose en esta división, las CST también han presentado una tabla con una lista de productos (bienes y servicios) característicos del turismo. El objeto de esta tabla, que aún es objeto de debate y está en continua revisión y actualización dependiendo del desarrollo y la evolución del mercado turístico, es llegar a un acuerdo sobre qué se consideran productos característicos del turismo, (*Ibidem*: 17):

4. Servicios de alojamiento
   4.1. Hoteles y otros servicios de alojamiento
   4.2. Servicios de segundas viviendas por cuenta propia o de forma gratuita
5. Servicios de provisión de alimentación y bebida
6. Servicios de transporte de pasajeros
   6.1. Servicios de transporte interurbano por ferrocarril
   6.2. Servicios de transporte por carretera
   6.3. Servicios de transporte marítimo
   6.4. Servicios de transporte aéreo
   6.5. Servicios anexos al transporte de pasajeros
   6.6. Alquiler de bienes de equipo para el transporte de pasajeros
   6.7. Servicios de mantenimiento y reparación de bienes de equipo para el transporte de pasajeros
7. Servicios de las agencias de viajes, operadores turísticos y guías turísticos
   7.1. Servicios de agencias de viajes
   7.2. Servicios de operadores turísticos
   7.3. Servicios de información turística y de guías turísticos
8. Servicios culturales
   8.1. Desarrollo artístico
   8.2. Museos y otros servicios culturales
9. Servicios recreativos y otros servicios de entretenimiento
   9.1. Deportes y servicios deportivos recreativos
   9.2. Otros servicios para la diversión y el recreo
10. Servicios turísticos diversos
    10.1. Servicios financieros y de seguros
    10.2. Otros servicios de alquiler de bienes
    10.3. Otros servicios turísticos

A partir de este listado de productos característicos, las CST han definido igualmente las actividades características, es decir, todas aquellas actividades productivas cuyo producto principal es específico del turismo. Esta división facilitará igualmente identificar las profesiones vinculadas con turismo (*Ibidem*: 17):

1. Hoteles y similares
2. Segundas viviendas en propiedad (imputado)
3. Restauración y similares
4. Servicios de transporte de pasajeros por ferrocarril
5. Servicios de transporte de pasajeros por carretera
6. Servicios de transporte marítimo de pasajeros
7. Servicios de transporte aéreo de pasajeros
8. Servicios anexos al transporte de pasajeros
9. Alquiler de bienes de equipo de transporte de pasajeros
10. Agencias de viajes y similares
11. Servicios culturales
12. Servicios de actividades deportivas y otras actividades de recreo

Si nos centramos en los tipos de turismo que existen por objetivo de viaje, el Comité de Turismo y Competitividad (CTC), órgano subsidiario del Consejo Ejecutivo de la OMT, ha identificado las siguientes 14 categorías (OMT, 2019: 11):

- Turismo cultural: el objeto de esta categoría es educarse, aprender y consumir productos culturales, sean materiales o inmateriales.
- Turismo de negocios: se viaja por un motivo específico profesional o de negocio a un lugar fuera de la residencia habitual, con el objetivo de asistir a una reunión, actividad o evento.
- Ecoturismo: se busca relacionarse con entornos naturales de una manera sostenible y respetuosa. Aquí el turista se limita a observar la naturaleza y a llevar a cabo actividades al aire libre para apreciar la diversidad biológica, siempre protegiendo la integridad del ecosistema.
- Turismo gastronómico: su fin es conocer la comida y los productos de una cierta zona, experiencias gastronómicas que pueden ser tradicionales o innovadoras.
- Turismo rural: esta categoría persigue experiencias en territorios con poca densidad de población, donde prevalece el contacto con la agricultura, la naturaleza y la forma de vida y culturas rurales.

- Turismo costero, marítimo y de aguas interiores: «turismo costero» hace referencia a actividades turísticas que se llevan a cabo en las costas, como la natación, el surf, descansar en las playas, así como actividades de ocio, recreo y deporte a orillas de un mar, lago o río. Bajo «turismo marítimo» se engloba cualquier actividad que se realice en el mar, como cruceros, la navegación, deportes náuticos, etc. y «turismo de aguas interiores» hace referencia a las mismas actividades realizadas en el turismo marítimo, pero localizadas en lagos, ríos, pozas, arroyos, aguas subterráneas, manantiales, ríos subterráneos u otros entornos relacionados con aguas interiores.
- Turismo de aventura: este se suele dar en lugares con características geográficas peculiares y se suele asociar a una actividad física vinculada con la naturaleza. Puede implicar algún riesgo real o percibido y con frecuencia requiere esfuerzo físico o mental.
- Turismo urbano o de ciudad: esta actividad se realiza en espacios urbanos. Estos ofrecen una gama de actividades muy amplia, que van desde experiencias culturales, arquitectónicas, tecnológicas hasta de negocios.
- Turismo de salud: se busca mejorar la salud física mental o espiritual a través de actividades médicas y de bienestar. Incluye el turismo de bienestar (busca a equilibrar los ámbitos principales de la vida humana) y el turismo médico (visita de un servicio de curación médica, tanto invasivo, como no invasivo, con base empírica. Puede incluir el diagnóstico, tratamiento, cura, prevención y rehabilitación).
- Turismo de montaña: este turismo se realiza en espacios geográficos definidos, como colinas o montañas y engloba un amplio espectro de actividades de ocio y deporte al aire libre.
- Turismo educativo: hace referencia al turismo, cuya motivación principal es el aprendizaje, el crecimiento intelectual o la adquisición de habilidades, donde se incluyen estudios académicos, viajes escolares, cursos de idiomas, de desarrollo profesional, etc.
- Turismo deportivo: engloba las actividades que contengan una experiencia con un evento deportivo, ya puede ser como espectador, de forma pasiva, o como participante, de forma activa.

Erik Cohen (2004), premio Ulises[9] de la OMT, lleva a cabo una clasificación del turismo desde un punto de vista más sociológico. Así, diferencia el turismo por la organización del viaje y distingue entre turismo institucionalizado y no institucionalizado.

(1) El turismo institucionalizado: lo clasifica en (a) turismo de masa individual, cuando el turista adquiere un paquete turístico para beneficiarse de la infraestructura del turismo de masas, aunque no haya contratado aún las actividades que pretende realizar, y (b) turismo de masa organizado, donde el turista es consumidor de un tour organizado con todo los detalles.

(2) El turismo no institucionalizado: lo divide en (a) *drifter*, comúnmente llamado «mochilero», que se relaciona con el entorno, pero no se gasta mucho, por lo que no ayuda mucho al sector económico del país y (b) *explorer*, que busca experiencias nuevas y, con frecuencia, extremas, alejados de los circuitos tradicionales.

1.5. La turistificación y la turismofobia en España

Desde el punto de vista de la perspectiva social, debemos dedicar también un punto a la turismofobia, causada por la llamada turistificación, que hace referencia al fenómeno de rechazo social o aversión de los ciudadanos de un destino turístico, debido a un crecimiento desmedido del turismo o a un incremento en el costo de vida por causa del turismo. Así, Ramírez-Vázquez y De la Cruz-Dávila (2020: 34) culpan a la turismofobia de los siguientes fenómenos:

1. El turismo de masas: también denominado masificación turística, que se refiere a cuando el aumento del turismo se concentra en una época de año determinada y presenta un turismo organizado en paquetes turísticos por las agencias de viajes o una llegada masiva de turistas.

2. Turistificación: este fenómeno hace referencia al impacto que tiene el turismo de masa en destinos, cuando el comercio, los negocios, las

---

9 La OMT entrega todos los años los premios Ulises a contribuciones destacadas en el mundo del turismo. Estos son los premios a la Excelencia y la Innovación más importantes del sector turístico mundial, que reconocen la creación, difusión e innovación de los conocimientos turísticos (OMT, 2014).

instalaciones y los servicios se centran en los turistas en vez de en los habitantes de estos lugares.

3. Gentrificación turística: consiste en la rehabilitación de una edificación, barrio, distrito o ciudad que se encontraba en deterioro, que tiene como resultado un aumento del costo de vida. A través de alojamientos turísticos y el aumento de los precios, los visitantes, con un poder adquisitivo más alto que los habitantes de esta zona, consiguen que los habitantes naturales de estas zonas tengan que abandonarlas, ya que no pueden costearse el aumento de los precios. Este fenómeno es una consecuencia directa de la turistificación.

4. Overtourism: este fenómeno se presenta cuando un destino concentra demasiados turistas, por lo que excede la capacidad de un lugar. Tiene lugar cuando se tiene más en cuenta el aumento de las cifras de turistas que el desarrollo de la comunidad y ocurre en muchas pequeñas ciudades, comunidades rurales o zonas protegidas.

5. Turismofobia: Odio, rechazo o antipatía intensa por los turistas

En resumen y como hemos recogido en el gráfico 1, podemos decir que el proceso hacia la turismofobia es sencillo: el turismo de masas lleva a la turistificación de una zona, lo que produce una gentrificación y overtourism, lo que da como resultado la turismofobia.

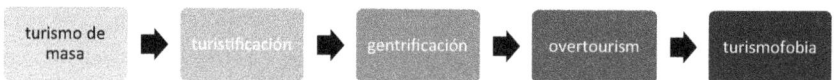

turismo de masa ➡ turistificación ➡ gentrificación ➡ overtourism ➡ turismofobia

Gráfico 1: Evolución de la turismofobia (elaboración propia)

El estudio «Futuro del turismo, ordenación o masificación», elaborado por la Mesa de Turismo y la Universidad de Nebrija (Figuerola, 2018), llega a la conclusión de que, aunque el turismo se puede convertir en un factor rupturista entre los residentes y los turistas, también puede ser restaurador por el aumento de instalaciones, el desarrollo económico, la creación de puestos de trabajo, etc. Por ello, más que limitar el crecimiento del turismo, es necesaria su reordenación, ya que este rechazo se produce por los incrementos en los precios y tarifas de bienes y servicios, en especial en el alquiler de los alojamientos, no por un rechazo real al turista. Volviendo al gráfico 1, si durante el transcurso del incremento del rechazo, representado por flechas, el Gobierno o las autoridades competentes toman medidas a través del fomento de otras zonas menos turísticas, la reglamentación, planes de turismo, etc., para conseguir un turismo sostenible, se rompe el proceso y se evita la turismofobia.

1.6. Potenciación del sector turístico en España

Como ya hemos visto en el punto 1, los Gobiernos han implementado desde 1953 diferentes Planes de Turismo con objeto de mantener el crecimiento sostenible de este sector. El último, el Plan Nacional e Integral del Turismo (PNIT), aprobado para el periodo de tiempo entre 2020 y 2030, muestra diferentes frentes. Uno de sus objetivos es conseguir una mayor seguridad para los turistas en nuestro país (Secretaría de Estado y Seguridad, 2011: 1). Para ello, el Gobierno, en colaboración con el Comité Ejecutivo para el Mando Unificado de las Fuerzas y Cuerpos de Seguridad del Estado (CEMU), administraciones autonómicas y locales, además de diversas instituciones públicas y privadas, ha puesto en marcha el Servicio de Atención al Turista Extranjero (SATE) y su plan «Turismo Seguro» (*Ibidem*). Su objetivo principal es la creación de un entorno seguro, para que los turistas puedan visitar España sin percances. Para ello, está compuesto de diferentes campañas informativas dirigidas a turistas, con dípticos y trípticos en los idiomas de los países con mayor número de visitantes[10], con consejos para prevenir problemas de seguridad (se ponen a disposición de los turistas en puertos, aeropuertos, oficinas de información turísticas, hoteles, etc.), videos de la policía nacional con consejos de seguridad, el servicio de denuncias telefónicas en diversas lenguas, charlas informativas a grupos de turistas o estudiantes, reuniones informativas con profesionales del turismo, formación en el ámbito de seguridad a profesionales del sector turístico, contacto permanente con embajadas y consulados, refuerzo de la seguridad en zonas turísticas durante la Operación Verano, la participación en ferias destinadas a la promoción del turismo, entre otros (Policía Nacional, 2020).

Otra medida que dicho Plan Nacional e Integral del Turismo (PNIT) ha tomado es la realización de un indicadores DAFO[11] para determinar las

---

10 El Plan Turismo Seguro publicó en 2021 folletos en japonés, chino, coreano, árabe, español, inglés, alemán, francés, italiano, portugués y ruso.

11 DAFO (las iniciales de Debilidades, Amenazas, Fortalezas y Oportunidades) es una herramienta muy sencilla, que ayuda al empresario a tomar decisiones

debilidades, amenazas, fortalezas y oportunidades que presenta el sector turístico en España y, teniendo en cuenta estos factores, poder garantizar un crecimiento sostenible del turismo en nuestro país, que no solo se centre en el fomento del crecimiento económico, sino en preservar los recursos naturales y culturales de nuestro país. Así, la Secretaría de Estado de Turismo ha presentado los siguientes datos DAFO (Ministerio de Industria, Comercio y Turismo, 2019):

Para el análisis interno (fortalezas y oportunidades) nos presenta los siguientes datos:

1. Las fortalezas del sector turístico:
   – España disfruta de muchos recursos naturales y de patrimonio histórico-cultural. De hecho, somos el segundo país con más patrimonio de la humanidad declarado por la UNESCO;
   – Nuestro clima cálido supone una gran atracción para países con temperaturas más frías;
   – Ofrece unas de las mejores instalaciones, servicios e infraestructuras del mundo;
   – Presenta una gran cantidad de ofertas de ocio, con diferentes calidades;
   – Un 80 % de los turistas que visitan nuestro país regresan, lo que supone una tasa de fidelización alta;
   – Ofrecemos una red de transportes excelente;
   – Presentamos grandes profesionales dentro del sector;
   – Los profesionales han alcanzado una gran experiencia en el trato al turista.

---

basadas en esos cuatro puntos. Se suele llevar a cabo al comienzo de un proyecto y sirve para llevar a reflexionar a la empresa sobre su situación y los puntos en los que debe basar sus estrategias futuras. El análisis DAFO se divide en dos partes: en el análisis interno (que se representa a través de los puntos de fortalezas y debilidades y muestran la situación actual de la empresa) y el análisis externo (que se representa a través de los puntos de amenazas y oportunidades y muestra adónde se debe dirigir la empresa y qué amenazas debe tener en cuenta) (Secretaría General de Industria y de Pymes, 2022).

2. Las oportunidades del sector:

   - La irrupción de nuevas actividades abren segmentos nuevos para demanda de mercado;
   - Debido a que sigue en aumento, España aún no ha alcanzado el tope de la demanda;
   - La digitalización ofrece una gran oportunidad para llegar a mercados nuevos;
   - La oferta turística sigue en continuo desarrollo en todas las categorías turísticas (*cf.* 1.4.);
   - El desarrollo de este sector es vital para el desarrollo económico de nuestro país.

Para el análisis externo, el Ministerio de Industria, Comercio y Turismo ha contabilizado los siguientes puntos:

3. Las debilidades del sector:
   - El sector depende mucho del turismo de costas, por lo que se puede / debe potenciar otro tipo de turismo, como el rural o el ecoturismo, así como vitalizar el ya existente, para que no pierda rentabilidad;
   - La mitad del mercado turístico está copado por británicos, franceses y alemanes, por lo que se puede abrir a nuevos mercados internacionales;
   - La innovación ofrece la oportunidad de extender la estacionalidad del sector;
   - Muchas pymes no se han sometido a la digitalización, por lo que no llegan a un público muy amplio;
   - La temporalidad en el empleo turístico es una realidad que hace que las condiciones laborales del sector sean con frecuencia precarias;
   - Sobre todo en las grandes ciudades existen zonas donde se concentran las empresas turísticas (alojamiento, restauración, etc.), lo que provoca un encarecimiento de los productos y servicios y especulación inmobiliaria. Como consecuencia, muchos nativos se ven obligados a abandonar estos núcleos, lo que causa el rechazo de los turistas (turismofobia, *cf.* 1.5.).

4. Las amenazas del sector:
   - La salida de los británicos de la UE puede afectar de forma negativa al sector, debido a que están entre los tres países que más visitan España;

- Nuestros principales competidores presentan una gran recuperación y digitalización del sector, lo que puede mermar nuestro mercado;
- Los recursos naturales y las infraestructuras pueden verse dañados por el turismo;
- El calor extremo y la sequía, provocados por el cambio climático, y la consiguiente falta de agua, pueden reducir las visitas de turistas a nuestro país;
- El desplazamiento de la población de las zonas rurales a las ciudades hace que extensas partes del territorio español queden abandonadas. A este fenómeno se le llama la España vacía o vaciada[12].

La forma de prevenir estas debilidades y aprovechar las oportunidades descritas son una planificación detallada para conseguir cumplir los siguientes principios: el crecimiento socioeconómico, la preservación de los valores naturales y culturales, beneficio social, participación, gobernanza y adaptación permanente. Así este Plan define sus objetivos con las siguientes palabras:

> El objetivo de la nueva Estrategia es sentar las bases de la transformación del turismo español hacia un modelo de crecimiento sostenido y sostenible, que nos permita mantener su posición de liderazgo mundial. El nuevo modelo estará apoyado en la mejora de la capacidad competitiva y rentabilidad de la industria, en los valores naturales y culturales diferenciales de los destinos y en la distribución equitativa de los beneficios y las cargas del turismo (Ministerio de Industria, Comercio y Turismo, 2019).

Además, para fomentar el turismo en España, el Gobierno creó en 1984 un instituto a tal efecto, que recibió el nombre de Instituto Nacional de Promoción del Turismo (Inprotur). Adscrito al Ministerio de Transporte, Turismo y Comunicaciones, asumió las funciones de planificación, promoción y organización del sector turístico. En 1988 cambió su nombre a Instituto de Promoción del Turismo de España, para recibir en 1994 su nombre actual, Instituto de Turismo de España (Turespaña), un organismo autónomo adscrito al Ministerio de Comercio y Turismo, dependiente de la

---

12 Según la fundeu RAE (2019), la expresión «España vacía» se refiere a partes de España que en la actualidad carecen de población y no se especifica si antes tenían población o no, mientras que «España vaciada» implica que antes sí tenían población. Sin embargo, marca que ambas son válidas.

Secretaría General de Turismo, cuyas funciones son la creación y difusión del conocimiento, el apoyo a la comercialización de productos y destinos españoles en colaboración con el sector público y privado y el marketing en el exterior y gestión de la marca España en su dimensión turística (Turespaña: 2022b). Para ello ha presentado su Plan Estratégico de Marketing para el periodo 2021–2024, que tiene dos grandes objetivos: a corto plazo recuperar el turismo internacional, afectado por la pandemia de la covid-19, y a medio y largo plazo trabajar sobre las carencias del modelo español (Turespaña: 2021). A partir de estos dos objetivos, ha presentado cuatro líneas estratégicas:

1. Recuperación de la demanda: con la pandemia global, y las consecuentes restricciones, el sector del turismo se ha resentido;
2. Sostenibilidad social: mejorar la cohesión territorial, para que haya una distribución más homogénea de los flujos turísticos;
3. Sostenibilidad medioambiental: vender la marca turística España asociada a recursos naturales; y
4. Sostenibilidad económica: promover la oferta de mayor valor añadido y captar turistas con un gasto medio más elevado.

Teniendo en cuenta estas líneas estratégicas, ha seleccionado ocho segmentos vinculados, a los que brindará una especial atención: *Más que mar* (M&M); *Familia, arena y mar* (FAM); *Sun, umbrella and yummy* (SUNNY); *Shopping, urbano, moderno y abierto* (SUMA); *Cultural total* (Culto); *Joy of missing out* (JOMO); *Roadies y LGTBI+* (*Ibidem*).

PARTE II

2. España y los flujos migratorios

Como ya hemos mencionado en la introducción, los flujos migratorios no son una novedad de las últimas décadas, sino un fenómeno que existe desde los albores de nuestra civilización. Un claro ejemplo de esto lo presentan estudios genéticos recientes, que demuestran a través de un análisis de seis dientes descubiertos en la cueva Manot, al oeste de Galilea, por la doctora Rachel Sarig de la Universidad de Tel Aviv y su equipo, que los *Homo neanderthealensis* no desaparecieron, sino que se asimilaron a las poblaciones del *Homo sapiens*, poblaciones más modernas de inmigrantes (Sarig *et al.*, 2019). Esta combinación de ADN se ha encontrado no solo en poblaciones europeas del período paleolítico temprano, sino también en Oriente Medio, lo que demuestra que, una vez mezclados, estas poblaciones también emigraron (*Ibidem*). Así, las migraciones de diferentes poblaciones son parte de nuestra civilización y, como tal, debemos tenerlas presentes. Esta realidad también es parte de la historia de España.

2.1. España como país emisor

España es un país con tradición emigrante. Así, desde el descubrimiento de América, muchos españoles decidieron emigrar a dicho continente en busca de una vida mejor. Vamos a realizar un breve recorrido por los movimientos migratorios más importantes de los españoles, centrándonos en las tres etapas más activas: la emigración española a ultramar, que comprende la época desde el descubrimiento de América en el siglo XV hasta el siglo XVI, la emigración española desde el siglo XIX al siglo XX y la emigración española en el siglo XXI.

2.1.1. Emigración española del siglo XV al siglo XVI

Tras un detallado estudio del archivo general de las Indias y de diversas fuentes coloniales (certificados de herencia, de defunción, etc.), Peter Boyd-Bowman concluye en su estudio recogido en 5 volúmenes que cerca de 55.000[13] españoles (Boyd-Bowman: 1976: 2), abandonaron este país para buscar mejor suerte en ultramar. Así, divide este periodo tan activo de emigración en cinco etapas: la primera que va de 1493 a 1519 con 5.481 emigrantes, la segunda de 1520 a 1539 con 13.262, la tercera de 1540 a 1559 con 9.044, la cuarta de 1560 a 1579 con 17.587 pobladores y la última, de 1580 a 1600 con 9.508 (*Ibidem*: 4). Los españoles emigrantes buscaban riquezas y terrenos propios en un continente que estaba lleno de peligros, pero también de oportunidades.

2.1.1.1. La importancia de la lengua en esta etapa

Desde el punto de vista lingüístico, esta etapa de emigración de españoles fue sin duda esencial, ya que, gracias a esta, hoy en día más de 300 millones de personas en diecinueve países y en varios estados de EE. UU., como Nuevo Méjico, Florida, California, Texas o Nueva York, tienen como lengua oficial el español (López Morales, 1998). A pesar de las dudas de lingüistas como Cuervo sobre la pervivencia del español como tal, debido al contacto de este con otros idiomas indígenas o «importados», como son el portugués o el inglés, queda patente que el español no se ha disgregado en diferentes idiomas, como hiciera el latín, sino que existe una unidad lingüística y cultural, con sus particularidades en cada país, a ambos lados del Atlántico (*Ibidem*). Así López Morales (1996: 19 ss.) explica la aparición de variedades por (a) los diferentes dialectos de los colonizadores[14], (b) la diversidad de las lenguas de contacto (las lenguas aborígenes) con el español, (c) el aislamiento de los núcleos fundacionales y (d) la falta de políticas lingüísticas normativas.

---

13 Aunque en un principio cifró a los emigrantes en 40.000 personas, por lo que llamó a sus volúmenes publicados «IGB – Índice geobiográfico de 40.000 pobladores españoles de América en el siglo XVI», en su quinto y último volumen llegó a la conclusión de que la cifra real rondaría los 55.000 emigrantes (Boyd-Bowman: 1976: 2).

14 Entre 1492 y 1580, el censo de colonos estaba compuesto en un 35,8 % de andaluces, un 16,9 % de extremeños, un 14,8 % de castellanos y un 22,5 % de otras procedencias (Boyd-Bowman, 1976). Esto muestra el claro predominio del andaluz en la transmisión de la variedad del español hacia la población de América.

2.1.2. Emigración española desde el siglo XIX al siglo XX

La emigración española hacia Europa y hacia el continente americano volvió a tener un auge en 1860 y fue creciendo hasta mediados de 1870, aunque desde 1885 a 1900 sufrió otro descenso. Sin embargo, a partir de 1900 y hasta la Primera Guerra Mundial podemos hablar de una emigración masiva (Sánchez Alonso, 1995: cap. 3) con dos fases muy definidas, que Sánchez Alonso denomina «fase americana» y «fase europea».

2.1.2.1. Fase americana

En esta fase, situada entre 1870 y 1960, cerca de 3,8 millones de emigrantes decidieron probar suerte en el continente americano, aunque muchos de ellos retornaron a España (Sánchez Alonso, 2015: 12). Los países de destino fueron Argentina, Uruguay, México, Cuba y Brasil y, tras la guerra civil española, también Venezuela. Esta emigración se explica por los bajos niveles de renta en España (*Ibidem*: 15), así como la llamada «crisis agraria finisecular[15]» (*Ibidem*: 16).

Aproximadamente un 60 % de estos emigrantes retornaron a España, ya que su objetivo era enriquecerse aprovechando los altos salarios, para volver a su hogar y mejorar la calidad de vida de su familia, que había quedado atrás (*Ibidem*).

2.1.2.2. La importancia de la lengua en esta fase

Una vez «exportado» el lenguaje a Iberoamérica, a la población española le resultaba mucho más fácil emigrar a estos países de habla hispana. No hay que olvidar que en la emigración inciden dos factores, uno positivo y uno negativo. El positivo depende del gradiente que existe entre el nivel de renta que le espera al emigrante en el país de origen, en este caso España, y el de destino, en este caso Iberoamérica. El factor negativo lo comportan los costes que trae consigo el desplazamiento, tanto económicos, como la posterior instalación en el país de acogida (Alonso y Gutiérrez, 2010: 8).

---

15 Esta crisis, comprendida entre los siglos XIX y XX, se fraguó debido a la llegada de cereales mucho más económicos desde América y Rusia y afectó a toda Europa. Esto se tradujo en una pérdida de los mercados y la reducción de la rentabilidad (Robledo Hernández, 1988: 219).

Obviamente, los obstáculos que el emigrante se encuentra si conoce y comparte la lengua y cultura son muy inferiores a aquellos que no son capaces de comunicarse con los habitantes del país de destino. Las barreras que debían afrontar para su integración en el mercado de Iberoamérica eran muy inferiores a las barreras en otros lugares no hispanohablantes.

2.1.2.3. Fase europea

Esta fase se sitúa entre 1950 y 1973 y se puede definir como una emigración masiva, ya que en 23 años 2,6 millones de españoles abandonaron su país, 2 millones a partir de 1960[16] (Sánchez Alonso, 2015: 13). Los países de destino en esta fase europea fueron en su mayoría Francia, Alemania, Bélgica y Suiza, y se cierra en la década de 1970. Al igual que ocurriera con la fase americana, esta se da por el gradiente del nivel de renta entre estos países europeos y España, así como por las necesidades de mano de obra en los países receptores (*Ibidem*: 14). Otro factor determinante que aceleró esta emigración fue la pérdida de población de estos países más desarrollados del centro y norte de Europa, que necesitaban mano de obra para mantener su expansión económica (Vilar Ramírez, 2000: 132). Debido a esta falta de mano de obra se firmaron una serie de acuerdos bilaterales entre España, a través del recién creado IEE[17], y los Gobiernos de estos países de destino, que regulaban los flujos migratorios (*Ibidem*: 135). De hecho, y al contrario de los emigrantes hacia América, los españoles intentaban mantener sus costumbres y tradiciones allende las fronteras, siempre con la vista en el retorno (Martín Pérez, 2012). Su intención era conseguir ahorros para comprarse una casa o montar un negocio en España (Cazorla Pérez, 1989). Muchos de los emigrantes que se desplazaron en la década de 1960 volvieron a España en la de 1970, cuando se fomentó el regreso de estos con medidas incentivadoras del retorno y el establecimiento de dificultades para el reagrupamiento familiar (Castillo, 1980: 73). Con la crisis de los

---

16 Con una población de apenas 30 millones (Expansión, 2001), durante el quinquenio de 1961 a 1965 la media anual de emigrantes españoles hacia Europa era de 168.000 (Sánchez Alonso, 2015: 13).

17 El Instituto Español de Emigración (IEE) es una organización creada en 1956 (Calvo Salgado *et al.*, 2009: 7) para firmar convenios con diversos países con la intención de organizar el flujo migratorio.

setenta, los países receptores comenzaron a establecer cuotas en función de la nacionalidad de origen o las necesidades del mercado laboral, estrategia que muestra el inicio de lo que serán las políticas europeas de emigración, integración y fronteras cerradas (Navarro Sierra, 2003: 25).

2.1.2.4. *La importancia de la lengua en esta fase*

A diferencia de lo que ocurriera con la inmigración hacia Iberoamérica, donde los españoles se adaptaban rápidamente a la cultura de acogida, ya que compartían el mismo idioma, los emigrantes españoles hacia Europa no se solían integrar en la sociedad de destino. Aprendían estructuras básicas del idioma para poder sobrevivir y hacerse entender en la calle, pero se intercomunicaban solo con los demás emigrantes españoles, lo que daba lugar a barrios compuestos casi exclusivamente de estos (Vilar, 2000: 135). Uno de los grandes obstáculos para su integración y adaptación en los países de destino fue el deseo de ahorrar para volverse a España. En los acuerdos bilaterales tampoco estaba recogida la necesidad de conocer el idioma del país receptor. Aunque el IEE ofrecía cursos preparatorios, estos no siempre resultaban útiles para el día a día en los países de destino (García, 1999: 196 ss.). Además, el Gobierno español mandaba profesores funcionarios españoles a estos países, para que las segundas generaciones supieran escribir en español y tuvieran las notas del sistema español. Así, su vuelta a España se podría producir de forma más sencilla.

2.1.3. Emigración española en el siglo XXI

La crisis económica de 2008 así como la crisis de deuda de los años 2010–2011 tuvieron un impacto muy fuerte en el mercado de trabajo español. De hecho, España se colocó, junto a Grecia, como país con más desempleo dentro de la Unión Europea alcanzando más del 25 % de la población activa. Esta pérdida de trabajo afectó especialmente a los inmigrantes. (Pérez-Camarés *et al.*, 2018: 16). Así, casi 4,2 millones de personas abandonaron España entre 2006 y 2017, un 10 % (42.000 personas) de estos era población española nativa (*Ibidem*: 22). La mayor parte de la emigración desde España la llevaron a cabo los inmigrantes recientes, que, viendo la situación laboral y económica del país, deciden retornar a su país de origen o emprender una nueva migración hacia países con una situación más favorable (*Ibidem*: 22). Cabe resaltar que los inmigrantes de segunda generación, o aquellos que ya habían conseguido la nacionalidad española, podían circular y trabajar libremente dentro de la UE, principio fundamental recogido en el art. 45 del TFUE[18] (Parlamento Europeo, 2022a), lo que facilitó la salida de trabajadores hacia otros mercados laborales más favorables del centro y norte de Europa.

2.1.3.1. *La importancia de la lengua en esta etapa*

Debido a la globalización, los españoles emigrantes de esta etapa solían tener algunos conocimientos del idioma del país al que emigraban, aunque con los acuerdos de libre circulación dentro de la UE no era un requisito más que en algunos sectores[19]. Además, en muchos puestos de trabajo aceptaban a personas con conocimientos de inglés, a condición de que aprendieran el idioma en un determinado tiempo. Sin embargo, debido a los conocimientos limitados de los españoles de los idiomas de destino, su integración en los países fue reducida. De hecho, como recogen en un informe Protsch y Solga (2017) sobre las oportunidades de trabajo de inmigrantes en Alemania, los españoles sufrían más discriminación laboral que los hijos de inmigrantes, incluso aquellos con sólidos conocimientos de la lengua. Esto mermaba las posibilidades de integración de los españoles, cuyo objetivo final, además, no era la integración en sus países de acogida, sino conseguir ahorros para volver a España.

2.2. España como país receptor

Si hasta la década de 1970 España era en su mayor parte un país emisor de migrantes, a partir de 1985, derivado de la bonanza económica y su

---

18 El Tratado de funcionamiento de la Unión Europea, cuya última versión consolidada data del 7 de junio de 2016, configura, junto con el Tratado de la Unión Europea, el Tratado Constitutivo de la Comunidad Europea de la Energía Atómica (Tratado Euratom) y la Carta de Derechos Fundamentales de la Unión Europea (CDF), la Constitución material de la Unión Europea (Ministerio de Hacienda y Función Pública, 2017).

19 Para trabajar en el sector sanitario se pedía un certificado de idiomas de B1 o B2 según el Marco Común Europeo de Referencia para las Lenguas (MCER), dependiendo de la región o país (Bundesregierung, 2022).

entrada en la CEE, España pasa a ser un país receptor de migrantes (Sánchez Alonso, 2011: 245). Sin embargo, en 1995 el número de emigrantes aún triplicaba el de inmigrantes, con más de dos millones de emigrantes y 543.314 inmigrantes (Colectivo Ioé, 2003). Además, la población inmigrante, compuesta en su mayoría por portugueses, ingleses, alemanes y franceses, apenas suponía el 1 % de la población residente en España (*Ibidem*). Pero a principios del siglo XXI esta situación cambió completamente. A partir de ese momento, la llegada masiva de inmigrantes de diversas procedencias hacia España generó un profundo cambio demográfico, económico y social en el país (López de Lera, 2006), sobre todo porque este flujo no fue progresivo, como ocurrió en el centro y norte de Europa, sino muy acelerado. A mediados de la primera década del siglo XXI, España fue el principal país receptor de migración internacional, solo por detrás de los Estados Unidos (Pérez-Camares *et al.*, 2018: 21). Esta es una realidad que muchos autores resaltan y que diferencia los países del sur de Europa, como España, Italia o Grecia, de países del norte, con una tradición migratoria mucho más larga (Mahleiros, 2002). En esta fase migratoria, los inmigrantes, procedentes de países en desarrollo, venían en busca de una mejora económica y laboral (Colectivo Ioé, 2003). Los flujos migratorios provenían en su mayoría de Marruecos debido a la cercanía, seguido de Ecuador, Rumanía y, en menor medida de Colombia, Bolivia o Perú. Sin embargo, la población de Hispanoamérica tuvo a partir del año 2000 un rápido crecimiento, estableciéndose como la población inmigrante más importante (Sancho Pascual, 2013: 95). Esto se debe a los ya mencionados lazos lingüísticos y culturales, así como a las restricciones que establecían las políticas norteamericanas, que se fueron endureciendo paulatinamente (Gratius, 2005).

Sin embargo, en 2008, con la ya mencionada crisis económica, este flujo se redujo en un 25 % (ECLAC, 2018: 22), llegando a tener un saldo migratorio negativo entre 2010 y 2015. De hecho, como muestra la tabla 1, ya en 2009, al comienzo de la crisis, la llegada de inmigrantes prácticamente se igualó a la salida de emigrantes y en el año 2013 hubo casi el doble de personas que emigraron, que de personas que buscaban una nueva vida en España. En 2015 el saldo migratorio, con visos de recuperación económica, tornó de nuevo a positivo con una subida progresiva y constante anual hasta el año 2020, donde, debido a la covid-19 y las

Tabla 1: Datos sobre los procesos migratorios del INE (INE, 2022) (elaboración propia)

	Procesos migratorios entre 2008 y 2021		
año	inmigración	emigración	saldo migratorio
2008	599.074	288.432	310.642
2009	392.963	380.118	12.845
2010	360.704	403.379	-42.675
2011	371.335	409.034	-37.699
2012	314.358	476.748	-162.390
2013	291.041	547.890	-256.849
2014	156.066	206.492	-50.426
2015	342.114	343.874	1.760
2016	414.747	327.324	87.423
2017	532.132	368.860	163.272
2018	643.684	390.544	253.140
2019	748.759	297.368	451.391
2020	465.721	249.477	216.244
2021	530.401	381.724	148.677

consiguientes restricciones en los desplazamientos, los flujos migratorios se ralentizaron.

Parece evidente, y así lo ha planteado el Parlamento Europeo, que existe una correlación entre el desarrollo y la emigración (Latek, 2019). Esto contradice la idea de que, si se aumenta las ayudas a países emisores, se consigue frenar la inmigración. Así, el Parlamento Europeo (2019) ha dividido los diferentes factores que llevan a un individuo a abandonar su país de origen y buscar un futuro mejor en un país de acogida en dos determinantes: los macro y los personales. Estos los ha dividido a su vez en diversos factores.

Los determinantes macro:

1. Tendencias demográficas: el aumento de la población tiene como consecuencia que las ofertas de empleo se reduzcan, especialmente para la población más joven.
2. Redes existentes de migrantes: las diásporas ofrecen información, ayuda financiera y acogida a los inmigrantes.

3. Factores históricos y geográficos: la proximidad, así como lazos del pasado, como las colonias o la lengua común.
4. Conflictos en inseguridad: los conflictos armados o el aumento de la inseguridad en el país de origen provocan desplazamientos y migraciones.
5. Cambio climático: las zonas afectadas por desastres naturales o sequías impulsan los flujos migratorios.

Los determinantes personales (*Ibidem*):

1. Renta: Cuanta más renta tenga el emigrante, más fácil y asequible le resultará, ya que no tendrá problema en poder financiar la emigración.
2. Cualificación: Cuanta más formación tenga el emigrante, más fácil le resultará entrar en el mercado laboral del país de destino.
3. Aspiraciones: Cuando hay una percepción de que en el país no hay futuro ni oportunidades laborales. Esta percepción con frecuencia se ve potenciada por los medios y las redes sociales, que muestran el país de acogida como un lugar ideal.
4. Diversificación de riesgos: Cuando hay conflictos, desastres naturales, enfermedades, etc. una forma de asegurar la subsistencia de la familia es diversificar las fuentes de ingreso, mandando a un miembro a otro país.

2.2.1. Proveniencia de los flujos migratorios hacia España

Según los últimos datos del Padrón Municipal del 1 de enero de 2021, los inmigrantes suponen 5.440.148 de personas, un 11,48 % de la población total de España (47.385.107 personas). Si nos fijamos en su distribución geográfica, las comunidades con más inmigrantes[20] son Cataluña, la Comunidad de Madrid, la Comunidad Valenciana y Andalucía y las comunidades con menos población extranjera son Extremadura y Cantabria (SEPE, 2022: 20).

Por continentes, la mayor tasa de inmigrantes residentes en España la registra Europa con un 39,80 %, seguida de América con un 28,95 %, África con un 22,04 %, Asia con un 9,13 % y, por último, Oceanía con

---

20 Aquellos inmigrantes nacionalizados o con doble nacionalidad cuentan ya como españoles, por lo que no se recogen en esta tabla.

tan solo un 0,07 %, como muestra la tabla 2 (SEPE: 2022). A continuación vamos a mostrar los países con mayor flujo migratorio hacia España por continentes:

2.2.1.1. *Flujos migratorios desde Europa*

Tabla 2: Cifras de 2021 de inmigrantes provenientes de países europeos (elaboración propia) (INE: 2022)

Continente	País	Población
Europa		
	Rumanía	644.473
	Italia	257.256
	Bulgaria	118.120
	Alemania	109.556
	Francia	109.397
	Portugal	97.187
	Polonia	52.206
Total UE		1.591.984
	Reino Unido	282.124
	Ucrania	112.034
	Otros	177.927
Total no UE		572.085
Total Europa		**2.164.069**

La tabla 2 muestra que Europa es el continente que más población inmigrante envía a España. Además, evidencia que Rumanía, con 644.473 personas, es el país con más emigración hacia nuestro país.

Esta realidad, sin embargo, se habrá visto afectada por la guerra de Ucrania, ya que, según datos del Ministerio del Interior, desde que comenzó la invasión rusa en febrero del año 2022, España ha concedido protección temporal[21] a más de 124.000 ucranianos, lo que hace de España el cuarto

---

21 El 4 de marzo de 2022, la UE activó la Directiva de protección temporal, adoptada en 2001 tras los desplazamientos masivos resultantes de los conflictos en los Balcanes, Bosnia y Herzegovina y Kosovo, para todos los ucranianos y residentes en dicho país antes del 24 de febrero de 2022. Este es un mecanismo de emergencia de la UE que se activa en circunstancias excepcionales y que

país de Europa con más acogidos ucranianos. Este movimiento migratorio difiere de otros debido a que el 73 % de los acogidos son mujeres y el 34 % menores. Los hombres no tienen la libertad de abandonar su país y deben quedarse a luchar en la guerra. Además, si la guerra persiste en el tiempo, se prevé un aumento considerable de estos inmigrantes. Uno de los principales indicadores de esta realidad es que la página web de CREADE[22], que ofrece ayuda e información en ucraniano y español sobre los trámites necesarios para alcanzar la protección temporal, ha recibido 374.000 visitas en menos de tres meses (Prensa Moncloa: 2022).

Detrás de Rumanía se encuentra el Reino Unido, cuyos inmigrantes tienen unas características particulares, ya que se comportan más como turistas que como migrantes. Suelen ser jubilados que buscan el calor y las playas de España y se concentran en las costas. Con el Brexit, la salida del Reino Unido de la UE efectiva el 31 de diciembre de 2020, la situación de los llamados *Brexpats* (*Brexit expats*) españoles, el grupo más numeroso dentro de Europa, ha cambiado. Así, el Acuerdo de Retirada alcanzado entre la UE y el Reino Unido ofrecía dos posibilidades para abordar la residencia de los británicos en territorio de la UE, que cada país elegía libremente: (1) establecer y aplicar un procedimiento de carácter constitutivo, donde se debe pedir la residencia en el país de acogida (art. 18.1) o (2) no establecer ningún procedimiento y simplemente expedir un documento de residencia que los identifique como beneficiarios del Acuerdo (art. 18.4). España, a través del Ministerio de Inclusión, Seguridad Social y Migraciones, se ha acogido a este último punto (Parainmigrantes, 2021). Así,

---

sirve para dar protección inmediata y colectiva a las personas desplazadas y para evitar el bloqueo de los sistemas nacionales de asilo de la UE: esta protección temporal, de entre 1 y máximo 3 años, dependiendo de la evolución de la guerra, ofrece a dichas personas derecho a residir, a permiso de trabajo, a asistencia social y médica, así como a tutela legal o acceso a la educación para menores no acompañados (Consejo Europeo: 2022).

22 CREADE es el acrónimo de Centro de Recepción, Atención y Derivación, que tiene tres funciones: (1) la recepción y asistencia inicial, (2) la gestión para obtener protección temporal en menos de 24 horas y (3) la derivación de desplazados a centros de acogida distribuidas por toda España. Existen 4 centros, que se encuentran en Madrid, Barcelona, Alicante y Málaga (Ministerio de Inclusión, Seguridad Social y Migraciones: 2022).

los *Brexpats* que pudieran acreditar su residencia legal en España (a través de un certificado de registro o tarjeta familiar, 381.448 ciudadanos según datos del INE), antes de la salida del Reino Unido de la UE, no tienen obligación de pedir el permiso de residencia, aunque desde Extranjería recomiendan la obtención de dicho documento, para tener documentación explícita sobre su condición de beneficiario del Acuerdo de Retirada. A aquellos que opten por emigrar a España a partir del 1 de enero de 2021 (finalización del periodo transitorio), se les aplicará el régimen general de extranjería.

2.2.1.2. Flujos migratorios desde América

La tabla 3 evidencia que el segundo continente con más inmigración hacia España es América, donde podemos diferenciar entre América del Norte, con una inmigración escasa, frente a América Central y del Sur, con un flujo migratorio mucho más intenso. Destaca Colombia como el país con más volumen de migración hacia España. Aquí cabe resaltar cómo la mano de obra femenina es fundamental para el bienestar económico de la familia inmigrante. Al migrar, hay un cambio en el rol tradicional del hombre como principal proveedor económico (Ramírez *et al.*, 2005: 7) hacia la mujer, que encuentra mayor estabilidad en el trabajo de tareas domésticas.

Tras Colombia podemos ver que las poblaciones de Venezuela, seguida de las de Honduras y Ecuador, también tienen una gran emigración hacia España. La mayoría son emigrantes económicos, que vienen a España en busca de una situación económica más favorable.

Sin embargo, hay que hacer una mención especial al caso de Venezuela. Según un informe de la Universidad del Rosario y la fundación Konrad Adenauer (León Linares, 2019: 12), esta migración se puede calificar como forzosa y es consecuencia de un deterioro gradual de las condiciones de vida en Venezuela, lo que ha llevado a un aumento de emigraciones en los últimos veinte años. La emigración de este país alcanzó, según la Plataforma Regional de Coordinación Interagencial «R4V»[23], 6,1 millones de personas (datos del 5 de mayo de 2022) y se debe a factores endógenos,

---

23 Esta plataforma está formada por casi 200 organizaciones, entre las que se encuentran Agencias de la ONU, sociedades civiles, organizaciones religiosas, ONG, etc. y su propósito es brindar ayuda a emigrantes venezolanos a través

Tabla 3: Cifras de 2021 de inmigrantes provenientes de países americanos (elaboración propia) (INE: 2022)

Continente	País	Población
América		
América Central		
	Honduras	130.119
	República Dominicana	71.686
Total A. Central		364.263
América del Norte		
	EEUU	39.812
	México	27.818
	Canadá	4.921
Total A. Norte		72.551
América del Sur		
	Colombia	291.751
	Venezuela	199.078
	Ecuador	123.736
	Perú	111.681
	Brasil	95.433
	Argentina	89.472
	Paraguay	85.866
	Bolivia	85.292
	Uruguay	27.659
Total A. Sur		1.137.165
Total América		**1.573.979**

como son la crisis económica, la violencia social y política y el desmantelamiento de las instituciones que deben garantizar la institucionalidad y el respeto por los derechos humanos (Koechling *et al.*, 2018: 56). Incluso Human Rights Watch (HRW) ha denunciado la situación de este país (2018: 1), debido a la falta de medicamentos y alimentos, a la represión gubernamental, a los altos índices de delitos violentos y a la hiperinflación.

---

del Plan de Respuesta para Refugiados y Migrantes de Venezuela (RMRP, por sus siglas en inglés) en 17 países de Iberoamérica (RV4V: 2022).

2.2.1.3. Flujos migratorios desde África

Tabla 4: **Cifras de 2021 de inmigrantes provenientes de países africanos** (elaboración propia) (INE: 2022)

Continente	País	Población
África		
	Marruecos	872.759
	Senegal	78.550
	Argelia	64.954
	Nigeria	37.767
Total África		**1.198.573**

El tercer continente con más inmigración en España, tal como revela la tabla 4, es el continente africano, con Marruecos a la cabeza de población dentro de nuestro país. De hecho, en términos generales, este grupo de inmigrantes es el más numeroso con casi 230.000 personas más que el siguiente grupo, el de rumanos. Cabe resaltar que estas cifras son incluso más elevadas, ya que solo en 2021, 42.000 marroquíes lograron la nacionalidad española, con lo que ya no contabilizan como extranjeros (EFE, 2022). La causa principal es la proximidad geográfica, así como la diferencia de la renta per cápita entre los dos países vecinos. La población del resto de países de África, aunque muchos crucen el estrecho o la frontera de Ceuta y Melilla, no alcanza cifras muy elevadas, debido a que la mayoría buscan emigrar a países del centro y norte de Europa y ven a España solo como un país de tránsito.

2.2.1.4. Flujos migratorios desde Asia y Oceanía

Desde Asia vemos que el grupo predominante es el chino, con 229.254 migrantes. La mayoría de los emigrantes provienen de las ciudades de Wenzhou y, sobre todo de Qingtian, y se clasifican dentro de la inmigración económica[24] (Coyle, 2021). Sin embargo, en la actualidad, estas dos

---

24 Bajo migrante económico entendemos en español aquellos migrantes que no está amenazado ni teme por su vida, pero que busca, mediante la migración, una mejora en su calidad de vida, en sus oportunidades educativas y laborales (Cases Berbel y Nieto García, 2018: 80-81).

Tabla 5: Cifras de 2021 de inmigrantes provenientes de países asiáticos y oceánicos (elaboración propia) (INE: 2022)

Continente	País	Población
Asia		
	China	229.254
	Pakistán	99.352
Total Asia		**496.639**
Oceanía		
	Australia	2.805
Total Oceanía		**3.732**

ciudades han alcanzado un nivel de desarrollo económico más alto, por lo que el flujo migratorio se ha ralentizado.

Como continente con emigración residual tenemos a Oceanía, que debido a su lejanía y condiciones laborales y económicas, apenas muestra flujos migratorios hacia nuestro país.

Tras estos datos, es importante resaltar que, como indica el informe del Consejo Económico y Social (2019) con el título «Inmigración en España: efectos y oportunidades», la población extranjera participa en diferentes esferas de la vida social española, lo que indica que existe convivencia y diálogo intercultural. Así lo demuestran las cifras de nacionalizaciones, que suponen un promedio de 120.000 personas al año desde 2009. Como ya hemos mencionado, estos 120.000 inmigrantes pasan a contabilizarse como ciudadanos nacionales, por lo que no aparecen en las cifras arriba mencionadas.

2.2.2. La importancia de la lengua

En este punto hay que diferenciar claramente dos grupos: los hispanohablantes y los no hispanohablantes, ya que la integración del primero, que comparte lengua, es muy diferente al segundo, que primero debe aprender el español, para poder integrarse en nuestro país. Así, según el último barómetro realizado por el CIS en 2017 sobre la percepción del español hacia el inmigrante, en el que participaron 2.455 personas de 255 municipios y 48 provincias, el grupo de inmigrantes que más simpatía despierta entre los españoles es el de latinoamericanos con un 14,6 %, frente al 2,8 % que sienten preferencia por marroquíes, el 2,5 % por rumanos y el 1,8 % por chinos (pregunta 28). Igualmente, a la pregunta de qué grupo de inmigrantes despierta menos simpatías, el 11,6 % votó a los marroquíes, el 11,2 % a los rumanos y únicamente un 1,8 % a los latinoamericanos (pregunta 29). Esto muestra claramente los lazos que los españoles sienten hacia los iberoamericanos y la desconfianza hacia culturas más distantes.

2.2.2.1. *La inmigración de hispanohablantes*

El proceso de integración de los hispanohablantes en España, debido a los lazos lingüísticos y culturales, resulta mucho más sencillo que el del resto de inmigrantes (Gratius, 2005; Gutiérrez, 2013: 18, Sancho Pascual, 2013: 95). Sin embargo, cabe resaltar que sí habrá una diferencia a la que tendrán que hacer frente los inmigrantes hispanohablantes, ya que entran en contacto con otra variedad diatópica del español. Estas diferentes variedades pueden llevar incluso a problemas comunicativos, que no se entenderán por la comunidad receptora, lo que causará una repercusión negativa en el inmigrante hispanohablante, que sentirá cuestionada su identidad, lo que pondrá trabas a su integración (Sancho Pascual, 2013: 96). Además, hay que resaltar la existencia de una relación asimétrica entre las variedades del español del inmigrante y la española, destacada por López García (1998), que defiende que la variedad denominada «castellano» se considera en Iberoamérica como la variedad más «pura» del español y, con frecuencia, goza de más prestigio que las demás. Si tenemos en cuenta la teoría de la acomodación, postulada por Giles, Coupland y Coupland en 1991 y basada en los estudios de Trudgill (1986), que explica las convergencias[25] y divergencias[26] lingüísticas y, a través de estas, las posibles consecuencias sociolingüísticas de las variedades en contacto, la variedad «castellana», que goza de mayor prestigio social, se impondrá a las demás. Sin embargo, como resalta Sancho Pascual (2013: 98), la conciencia sociolingüística de los hablantes también será un factor influyente en la convergencia o divergencia.

---

25 Cuando los hablantes intentan adaptarse a la otra variedad, para lo que emplean los elementos lingüísticos diferenciados (Sancho Pascual, 2003: 97).

26 Cuando los hablantes intentan diferenciarse de la otra variedad, para lo que acentúan las particularidades de su variedad (Sancho Pascual, 2003: 97).

2.2.2.2. La inmigración de no hispanohablantes

Este grupo, compuesto en su mayoría por inmigrantes europeos (principalmente rumanos), africanos (siendo los marroquíes el grupo migratorio más importante) y asiáticos, está en clara desventaja frente al primero, ya que en la mayoría de los casos deben comenzar por aprender la lengua para poder comunicarse. La distancia cultural y su estatus social bajo hacen que su integración sea mucho más difícil (Ward *et al.*, 2001). Las barreras que este grupo se encuentra hacen que sea mucho más vulnerable y que el mercado laboral al que tiene acceso sea muy limitado, con salarios más bajos que el de autóctonos y con peores condiciones laborales (Pedreño y López Carmona, 2015: 207). Sin embargo, para hacer frente a estas situaciones, muchos inmigrantes de estas minorías se han organizado en asociaciones, con el objeto de brindar ayuda a los recién llegados. También existen diversas ONG que ofrecen asesoramiento y ayuda a los inmigrantes y refugiados en España y que cuentan con intérpretes de diversas lenguas. La Comisión Española de Ayuda al Refugiado (CEAR) recoge en su página diversos webs y blogs muy interesantes para inmigrantes y refugiados, que divide en las ciudades de Madrid y Valencia, en organizaciones nacionales, páginas con información sobre inmigración, páginas de interés de las administraciones públicas, y otras páginas de interés que, aunque no se relacionen directamente con los inmigrantes, sí pueden ser de su interés (CEAR, 2022):

Madrid
- Federación Estatal de Asociaciones y de Inmigrantes y Refugiados- FERINE
- Federación de Asociaciones para la Convivencia y la Integración de Fuenlabrada- Madrid
- CINPROINDH- Centro Internacional para los Derechos Humanos
- Asociación Rumiñahui Hispano-Ecuatoriana
- Asociación de chilenas y chilenos Violeta Parra
- SEDOAC- Servicio Doméstico Activo
- Asociación Tangra- Comunidad Búlgara en España
- Casa Argentina de Madrid
- Asociación Alma Latina
- Plataforma Hoy Por ti- Fuenlabrada (Madrid)

- Asociación Mujeres Saharauis en España
- Red Ormiga- Red de Organizaciones de Mujeres Migrantes
- Centro Social Pachamama
- Asociación Candelita

Valencia

- ARI-PERU Asociación de Refugiados e Inmigrantes Peruanos.
- ARACOVA – Asociación de Refugiados, Aislados e Inmigrantes de la Comunidad Valenciana
- VENENVAL Solidaria- Venezolanos en Valencia
- Asociación Intercultural Candombe
- Asociación de Mujeres Africanas de Paterna
- ACULCO- Asociación Sociocultural y de Cooperación al Desarrollo por Colombia e Iberoamérica
- Asociación Valenciana de Ecuatorianos
- Asociación de vecinos y vecinas de Nazaret
- Centro Cultural Islámico de Valencia
- Unión de Comunidades Islámicas de Valencia
- Asociación de Cameruneses de Valencia
- KER Casa de África
- Valencia Acoge

Páginas web y blogs de asociaciones que trabajan con personas inmigrantes y refugiados:

- Comisión Española de Ayuda al Refugiado- CEAR
- RED ACOGE
- ACCEM (Asociación Comisión Católica Española de Migraciones)
- Amnistía Internacional
- CEPAIM (Fundación CEPAIM))
- Consejo de la Juventud de España
- Cruz Roja Española
- FADEMUR (Federación De Asociaciones De Mujeres Rurales)
- Federación Española de Mujeres Progresistas
- FELGTB (Federación Española De Lesbianas, Gays, Transexuales Y Bisexuales)
- Fundación Triángulo

- Movimiento Contra la Intolerancia
- MPDL (Movimiento por la Paz, el Desarme y la Libertad)
- SOS Racismo- Asturias
- SOS Racismo Catalunya
- SOS Racismo Madrid
- SOS Racismo Bizkaia
- Fundación Secretariado Gitano
- Unión Romaní
- Plataforma Yo Sí, Sanidad Universal
- Asociación Pro Derechos Humanos de Andalucía– APDHA
- Colectivo Caminando Fronteras
- Fundación Pueblos Unidos
- Red de Solidaridad Popular
- Proyecto Esperanza- Trata de Mujeres

Páginas web interesantes en materia de migraciones/asociaciones:

- Red Europea Contra el Racismo ENAR
- Coalición Europea de Ciudades contra el Racismo
- Asamblea sobre Migraciones 2013
- Integra-Local Portal para entidades locales sobre integración de inmigrantes
- Carta Mundial de Migrantes
- Comité Permanente por la defensa de los DDHH en Colombia
- Portal de Economía Solidaria
- World Social Forum
- La Vía Campesina: Movimiento Campesino Internacional
- Foro Social Mundial de las Migraciones

Páginas web de administración pública:

- No discriminación- Ministerio de Sanidad, Servicios Sociales e Igualdad
- Servicio Público de Empleo- SEPE
- Portal de Inmigración- Ministerio de Empleo y Seguridad Social
- OBERAXE- Observatorio Español del Racismo y la Xenofobia
- Consejo para la Promoción de la Igualdad de Trato y no Discriminación de las personas por el origen racial o étnico

- Consejo Estatal del Pueblo Gitano
- Instituto de Cultura Gitana
- Secretaría General de Inmigración y Emigración- Ministerio de Empleo y Seguridad Social
- Red Europea de Migración (Inglés)
- Foro para la Integración Social de los Inmigrantes
- Agencia Europea de Derechos Fundamentales- FRA
- Observatorio de inmigración de Valencia

Otros enlaces de interés:

- CEAPA (Confederación Española de Asociaciones de Padres y Madres de Alumnos)
- CEOMA (Confederación Española de Organizaciones de Mayores)
- CERMI (Comité Español De Representantes De Personas Con Discapacidad)
- COCEDER (Confederación de Centros de Desarrollo Rural)

2.2.3. Tipos de autorizaciones de trabajo establecidas en España

Una vez llegado a España, es importante que el inmigrante regularice su situación. Así, para poder trabajar en España de forma regular, el Reglamento de Ejecución de la Ley Orgánica 4/2000, sobre derechos y libertades de los extranjeros en España y su integración social, tras su reforma por la Ley Orgánica 2/2009, y su reforma por el Real Decreto 629/2022, establece para los inmigrantes las siguientes modalidades (Secretaría de Estado de Migraciones: 2022).

2.2.3.1. Residencia temporal y de trabajo

Estas autorizaciones se conceden para residir y trabajar en España por un tiempo determinado y se dividen en:

1. Trabajo por cuenta ajena

Para poder acceder a esta autorización, existen los siguientes requisitos (*Ibidem*):

(a) No ser ciudadano o familiar de un Estado miembro de la UE, del Espacio Económico Europeo o de Suiza, ya que a estos se les aplica el régimen de ciudadano de la UE, que no necesita autorización expresa de residencia y trabajo;

(b) No encontrarse irregularmente en territorio español. El punto 2.3.1. detalla la situación de estos inmigrantes irregulares en España y cómo regularizarla;

(c) No tener prohibida la entrada al país. España tiene convenios con los diferentes países con listas de personas rechazables;

(d) No encontrarse dentro del plazo de compromiso de no retorno. Si un inmigrante decide retornar voluntariamente a su país, España le concede ayudas a cambio de este compromiso de no retorno;

(e) Que la situación nacional de empleo permita la contratación. Estos supuestos se dan en caso de que vaya a ocupar un empleo en una empresa incluida en el catálogo de ocupaciones de difícil cobertura (publicado por el Servicio Público de Empleo Estatal), que no se pueda cubrir ese puesto con un trabajador nacional y en caso de Chile y Perú, el Gobierno de España tiene firmado un acuerdo internacional que autoriza la residencia y trabajo de ciudadanos de estos países sin restricciones;

(f) El inmigrante deberá presentar un contrato firmado por el empleador, que garantice que el inmigrante va a trabajar durante el periodo de vigencia de su autorización. Este empleador deberá estar al corriente del cumplimiento de sus obligaciones frente a la Seguridad Social y tener un proyecto de empresa viable.

2. Trabajo por cuenta propia

Para poder acceder a esta autorización, el inmigrante deberá cumplir los siguientes requisitos (*Ibidem*):

(a) No ser ciudadano o familiar de un Estado miembro de la UE, del Espacio Económico Europeo o de Suiza, ya que a estos se les aplica el régimen de ciudadano de la UE, que no necesita autorización expresa de residencia y trabajo;

(b) No encontrarse irregularmente en territorio español. El punto 2.3.1. detalla la situación de estos inmigrantes irregulares en España y cómo regularizarla;

(c) No tener prohibida la entrada al país. España tiene convenios con los diferentes países con listas de personas rechazables;

(d) No encontrarse dentro del plazo de compromiso de no retorno. Si un inmigrante decide retornar voluntariamente a su país, España le concede ayudas a cambio de este compromiso de no retorno;

(e) Cumplir con todos los requisitos impuestos por España para la puesta en funcionamiento de la actividad proyectada;

(f) Demostrar una cualificación profesional o experiencia acreditada, así como estar colegiado en aquellas profesiones que lo requieran;

(g) Demostrar que tiene recursos suficientes para la inversión necesaria, así como para su manutención y alojamiento.

2.2.3.2. Investigadores en Estados miembros de la UE

Para poder acceder a esta autorización, el inmigrante deberá cumplir los siguientes requisitos (Secretaría de Estado de Migraciones: 2022):

(a) No ser ciudadano o familiar de un Estado miembro de la UE, del Espacio Económico Europeo o de Suiza, ya que a estos se les aplica el régimen de ciudadano de la UE, que no necesita autorización expresa de residencia y trabajo;

(b) No encontrarse irregularmente en territorio español. El punto 2.3.1. detalla la situación de estos inmigrantes irregulares en España y cómo regularizarla;

(c) No tener prohibida la entrada al país. España tiene convenios con los diferentes países con listas de personas rechazables;

(d) No encontrarse dentro del plazo de compromiso de no retorno. Si un inmigrante decide retornar voluntariamente a su país, España le concede ayudas a cambio de este compromiso de no retorno;

(e) No padecer enfermedades graves, que tengan repercusiones de salud pública, de acuerdo con lo recogido en el Reglamento Sanitario Internacional de 2005;

(f) Que el organismo para el que investiga aparezca en el listado del Ministerio de Economía y Competitividad publicado a tal efecto;

(g) Que el organismo para el que investiga esté al corriente del cumplimiento de sus obligaciones frente a la Seguridad Social;

(h) Que el organismo para el que investiga haya firmado un convenio de acogida con el inmigrante, con fecha de inicio y vigencia;

(i) Que el inmigrante posea la cualificación profesional exigida.

2.2.3.3. Autorización inicial de residencia y trabajo de profesionales altamente cualificados

Para poder acceder a esta autorización, el inmigrante deberá cumplir los siguientes requisitos (*Ibidem*):

(a) No ser ciudadano o familiar de un Estado miembro de la UE, del Espacio Económico Europeo o de Suiza, ya que a estos se les aplica el régimen de ciudadano de la UE, que no necesita autorización expresa de residencia y trabajo;

(b) No encontrarse irregularmente en territorio español. El punto 2.3.1. detalla la situación de estos inmigrantes irregulares en España y cómo regularizarla;

(c) No tener prohibida la entrada al país. España tiene convenios con los diferentes países con listas de personas rechazables;

(d) No encontrarse dentro del plazo de compromiso de no retorno. Si un inmigrante decide retornar voluntariamente a su país, España le concede ayudas a cambio de este compromiso de no retorno;

(e) Que la situación nacional de empleo permita la contratación. Estos supuestos se dan en caso de que vaya a ocupar un empleo en una empresa incluida en el catálogo de ocupaciones de difícil cobertura (publicado por el Servicio Público de Empleo Estatal), que no se pueda cubrir ese puesto con un trabajador nacional y en caso de Chile y Perú, el Gobierno de España tiene firmado un acuerdo internacional que autoriza la residencia y trabajo de ciudadanos de estos países sin restricciones;

(f) El inmigrante deberá presentar un contrato firmado por el empleador, que garantice que el inmigrante va a trabajar durante el periodo de vigencia de su autorización. Este empleador deberá estar al corriente del cumplimiento de sus obligaciones frente a la Seguridad Social y tener un proyecto de empresa viable;

(g) Que el salario bruto anual del inmigrante sea como mínimo 1,5 veces el salario bruto medio de la profesión que vaya a desempeñar. En caso de que pertenezca a los grupos 1 y 2 de ocupación y haya una necesidad específica, podrá comprender solo 1,2 veces el salario bruto medio;

(h) Que el empleador esté al corriente del cumplimiento de sus obligaciones frente a la Seguridad Social y disponga de medios económicos, materiales o personales suficientes para que su proyecto empresarial sea viable.

2.2.3.4. Movilidad de los trabajadores titulares de una Tarjeta Azul-UE, expedida por otro Estado perteneciente a la UE

Para poder acceder a esta autorización, el inmigrante deberá cumplir los siguientes requisitos (Secretaría de Estado de Migraciones: 2022):

(a) No ser ciudadano o familiar de un Estado miembro de la UE, del Espacio Económico Europeo o de Suiza, ya que a estos se les aplica el régimen de ciudadano de la UE, que no necesita autorización expresa de residencia y trabajo;

(b) No encontrarse irregularmente en territorio español. El punto 2.3.1. detalla la situación de estos inmigrantes irregulares en España y cómo regularizarla;

(c) No tener prohibida la entrada al país. España tiene convenios con los diferentes países con listas de personas rechazables;

(d) No encontrarse dentro del plazo de compromiso de no retorno. Si un inmigrante decide retornar voluntariamente a su país, España le concede ayudas a cambio de este compromiso de no retorno;

(e) Que la situación nacional de empleo permita la contratación. Estos supuestos se dan en caso de que vaya a ocupar un empleo en una empresa incluida en el catálogo de ocupaciones de difícil cobertura (publicado por el Servicio Público de Empleo Estatal), que no se pueda cubrir ese puesto con un trabajador nacional y en caso de Chile y Perú, el Gobierno de España tiene firmado un acuerdo internacional que autoriza la residencia y trabajo de ciudadanos de estos países sin restricciones;

(f) El inmigrante deberá presentar un contrato firmado por el empleador, que garantice que el inmigrante va a trabajar durante el periodo de vigencia de su autorización. Este empleador deberá estar al corriente del cumplimiento de sus obligaciones frente a la Seguridad Social y tener un proyecto de empresa viable;

(g) El inmigrante debe estar en posesión de la tarjeta Azul-UE durante al menos 18 meses.

2.2.3.5. *Residencia con excepción a la autorización de trabajo*

Las profesiones exentas de la autorización de trabajo, previa presentación de las acreditaciones correspondientes, son (*Ibidem*):

(a) Técnicos y científicos, invitados o contratados por el Estado, las CCAA, universidades, entes locales u organismos;
(b) Profesores, técnicos, investigadores y científicos invitados o contratados por una universidad española;
(c) Personal directivo, docente o investigador de instituciones culturales o docentes dependientes de otros Estados;
(d) Funcionarios civiles o militares de Administraciones extranjeras;
(e) Corresponsales de medios de comunicación extranjeros;
(f) Miembros de misiones científicas internacionales;
(g) Artistas en actuaciones concretas;
(h) Ministros religiosos y miembros de la jerarquía de las iglesias;
(i) Extranjeros que formen parte de los órganos de representación;
(j) Menores extranjeros en edad laboral tutelados por alguna entidad de protección de menores.

2.2.3.6. *Residencia temporal y de trabajo de duración determinada*

Se refiere a ocupaciones por un periodo inferior a un año y se divide en contratos de temporada o campaña, contratos por obra o servicio, contratos para el personal de alta dirección, deportistas o artistas de espectáculos públicos, contratos de formación o prácticas profesionales (Secretaría de Estado de Migraciones: 2022).

2.2.3.7. *Residencia temporal y de trabajo en el marco de prestaciones transnacionales de servicios*

Esta autorización se concede en los siguientes casos:

(a) Cuando se desplaza de forma temporal a un empleado extranjero de una empresa extranjera a otra vinculada a esta o que ejerza su actividad en España, siempre que presente un contrato de prestación de servicio concertado entre las dos empresas;
(b) Cuando se desplaza de forma temporal al empleado extranjero dentro de la misma empresa a un centro de trabajo en España;

(c) Cuando se trate de un inmigrante altamente cualificado y se le desplace para supervisar unas obras o servicios que empresas españolas vayan a llevar a cabo en el extranjero.

Los requisitos para poder optar a esta autorización son de a-f los mismos que los recogidos en el caso de autorización temporal y de trabajo, además de:

(g) Ser residente legal en el país donde se encuentra la empresa que desplaza;

(h) Realizar la actividad profesional por la que se le contrata como mínimo un año en el país donde se encuentra la empresa que desplaza y dentro de la empresa un mínimo de 9 meses;

(i) Que se garantice al inmigrante desplazado las condiciones de trabajo aplicables en España.

Además, quedan excluidas de estas autorizaciones los desplazamientos realizados por actividades formativas y el desplazamiento de navegantes.

2.2.3.8. *Autorización para trabajos de temporada o campaña en el marco de prestaciones transnacionales de servicios*

Esta autorización se concede cuando un trabajador extranjero se desplaza a una empresa en España, aunque tenga un contrato con una empresa establecida en un Estado que no pertenezca a la UE ni al Espacio Económico Europeo, siempre que cumpla los siguientes requisitos (*Ibidem*):

(a) La actividad profesional se ejerce bajo la dirección de la empresa extranjera, aunque sea en otra empresa situada en España, a través de un contrato de prestación de servicio concertado entre ambas empresas;

(b) Cuando el trabajador extranjero se desplace temporalmente a centros de trabajo españoles de la misma empresa;

(c) Cuando el trabajador sea altamente cualificado y se le haya desplazado para supervisar obras o servicios que empresas españolas vayan a llevar a cabo en el extranjero.

2.2.3.9. *Entrada, residencia y permiso de trabajo de personal directivo o altamente cualificado*

Esta autorización la otorga la Dirección General de Migraciones a las siguientes profesiones:

(a) Personal directivo o altamente cualificado en empresas cuya planti-
lla sea superior a 500 trabajadores, cuyo volumen de negocios sea
superior a 200 millones de euros o cuyo volumen de fondos propios o patrimonio neto sea superior a 100 millones de euros, cuya
inversión bruta media anual procedente del exterior sea superior a 1
millón de euros en los tres años anteriores de la solicitud o, en caso de
pymes, que pertenezcan a uno de los siguientes sectores: tecnología
de la información y las comunicaciones, energías renovables, medio
ambiente, agua y tratamiento de aguas, ciencias de la salud, biofarma
y biotecnología y aeronáutica y aeroespacial;

(b) Técnicos y científicos extranjeros, altamente cualificados, contratados por el Estado, las CC. AA., entes locales u organismos que pro-
muevan la investigación;

(c) Profesores extranjeros contratados por una universidad española;

(d) Técnicos y científicos extranjeros, altamente cualificados, para la realización de trabajos de investigación en universidades y centros I+D de
reconocido prestigio, unidades de investigación o desarrollo de entidades empresariales de España;

(e) Artistas o grupo de artistas de reconocido prestigio internacional o
artistas que participen en un proyecto artístico de carácter internacional, que traiga consigo una contribución cultural o social;

(f) Personal directivo o altamente cualificado que parte de un proyecto
empresarial de interés público.

2.2.3.10. *Deportistas profesionales*

Aquí existen dos tipos de autorizaciones, las de carácter estable y las de
duración determinada (Secretaría de Estado de Migraciones: 2022).

1. Autorizaciones de carácter estable: para obtener esta autorización de
   residencia y de trabajo debe cumplir los siguientes requisitos:
   (a) No tener nacionalidad o ser familiar de un Estado de la UE, del
       Espacio Económico Europea o de Suiza, ya que a estos se les aplica
       el régimen de ciudadano de la UE, por lo que tienen libertad de
       movimiento y trabajo;
   (b) Tener licencia de deportista profesional, ya sea como depor-
       tista, entrenador o de cualquier colectivo equiparado a este, que
       le habilite a participar en competiciones deportivas oficiales u

organizadas por federaciones deportivas profesionales, ligas profesionales o entidades equiparables;

(c) No presentar antecedentes penales en España o en cualquier país de residencia anterior, o encontrarse de manera irregular en el país;

(d) No tener prohibida la entrada al país. España tiene convenios con los diferentes países con listas de personas rechazables;

(e) No encontrarse dentro del plazo de compromiso de no retorno. Si un inmigrante decide retornar voluntariamente a su país, España le concede ayudas a cambio de este compromiso de no retorno;

(f) La empresa contratante deberá igualmente estar inscrita y autorizada a participar en actividades y competiciones profesionales y tendrá que pertenecer a una de las siguientes modalidades deportivas:

– Baloncesto: a la liga ACB (Asociación de Clubes de Baloncesto masculino), a la liga española de baloncesto masculino (liga LEB) o a la liga femenina de baloncesto;

– Balonmano: a la división de honor «A» masculina (liga ASOBAL) o a la división de honor femenina;

– Ciclismo: a clubes o equipos que pertenezcan al UCI PRO TOUR;

– Fútbol: a la liga nacional de fútbol profesional (primera y segunda división de fútbol masculino, a la primera división de fútbol femenino, a la división de honor de la liga nacional de fútbol-sala masculino, a la división de honor de la liga nacional de fútbol-sala femenino;

– Voleibol: a la división de honor masculina, a la división de honor femenina;

(g) Que la situación nacional de empleo permita la contratación. Estos supuestos se dan en caso de que vaya a ocupar un empleo en una empresa incluida en el catálogo de ocupaciones de difícil cobertura (publicado por el Servicio Público de Empleo Estatal), que no se pueda cubrir ese puesto con un trabajador nacional y en caso de Chile y Perú, el Gobierno de España tiene firmado un acuerdo internacional que autoriza la residencia y trabajo de ciudadanos de estos países sin restricciones;

(h) La empresa tendrá la obligación de garantizar que el inmigrante llevará a cabo la actividad durante todo el periodo de vigencia de la autorización de forma continua;

(i) La empresa estará inscrita en el régimen del sistema de la Seguridad Social y estará al corriente de todas sus obligaciones frente a esta;

(j) Las condiciones deberán cumplir con la normativa española vigente;

(k) Cuando el contrato del deportista sea de un año, este será susceptible de renovación.

2. Autorizaciones de duración determinada: para obtener esta autorización de residencia y de trabajo debe cumplir los siguientes requisitos:

(a) No tener nacionalidad o ser familiar de un Estado de la UE, del Espacio Económico Europea o de Suiza, ya que a estos se les aplica el régimen de ciudadano de la UE, por lo que tienen libertad de movimiento y trabajo;

(b) Tener licencia de deportista profesional, ya sea como deportista, entrenador o de cualquier colectivo equiparado a este, que le habilite a participar en competiciones deportivas oficiales u organizadas por federaciones deportivas profesionales, ligas profesionales o entidades equiparables;

(c) No presentar antecedentes penales en España o en cualquier país de residencia anterior, o encontrarse de manera irregular en el país;

(d) No tener prohibida la entrada al país. España tiene convenios con los diferentes países con listas de personas rechazables;

(e) No encontrarse dentro del plazo de compromiso de no retorno. Si un inmigrante decide retornar voluntariamente a su país, España le concede ayudas a cambio de este compromiso de no retorno;

(f) La empresa contratante deberá igualmente estar inscrita y autorizada a participar en actividades y competiciones profesionales y deberá pertenecer a una de las siguientes modalidades deportivas:
 - Baloncesto: a la liga ACB (Asociación de Clubes de Baloncesto masculino), a la liga española de baloncesto masculino (liga LEB) o a la liga femenina de baloncesto;
 - Balonmano: a la división de honor «A» masculina (liga ASOBAL) o a la división de honor femenina;
 - Ciclismo: a clubes o equipos que pertenezcan al UCI PRO TOUR;

- Fútbol: a la liga nacional de fútbol profesional (primera y segunda división de fútbol masculino, a la primera división de fútbol femenino, a la división de honor de la liga nacional de fútbol-sala masculino o a la división de honor de la liga nacional de fútbol-sala femenino;
- Voleibol: a la división de honor masculina o a la división de honor femenina;

(g) Que la situación nacional de empleo permita la contratación. Estos supuestos se dan en caso de que vaya a ocupar un empleo en una empresa incluida en el catálogo de ocupaciones de difícil cobertura (publicado por el Servicio Público de Empleo Estatal), que no se pueda cubrir ese puesto con un trabajador nacional y en caso de Chile y Perú, el Gobierno de España tiene firmado un acuerdo internacional que autoriza la residencia y trabajo de ciudadanos de estos países sin restricciones;

(h) La empresa tendrá la obligación de garantizar que el inmigrante llevará a cabo la actividad durante todo el periodo de vigencia de la autorización de forma continua;

(i) La empresa estará inscrita en el régimen del sistema de la Seguridad Social y estará al corriente de todas sus obligaciones frente a esta;

(j) Las condiciones deberán cumplir con la normativa española vigente;

(k) El deportista tendrá un contrato de un año y no se podrá renovar;

(l) El deportista se deberá comprometer a retornar a su país de origen en cuanto termine su contrato (Secretaría de Estado de Migraciones: 2022).

2.2.3.11. *Penados*

Los inmigrantes que cumplen condena en España, tanto los que se encuentran en régimen abierto, en libertad condicional, como aquellos que trabajan en talleres productivos de los centros penitenciarios disponen de dos tipos de autorizaciones, una para los que se encuentran en régimen abierto o libertad condicional y otra para los que trabajan en los talleres productivos de la prisión. Para obtener cualquiera de estas autorizaciones, dependiendo del estado de su condena, deberán cumplir los siguientes requisitos (*Ibidem*):

(a) Tener la residencia o estancia por estudios en el momento de la condena;

(b) Tener la residencia temporal en el momento de la condena o en el de la resolución de la Dirección General de Coordinación Territorial y Medio Abierto de clasificación en tercer grado o auto del Juez de Vigilancia que le concede la libertad condicional;

(c) Tener la residencia de larga duración en el momento de la condena o en el de la resolución de la Dirección General de Coordinación Territorial y Medio Abierto de clasificación en tercer grado o auto del Juez de Vigilancia que le concede la libertad condicional.

2.2.3.12. *Trabajadores transfronterizos*

Estas autorizaciones se expiden para aquellos trabajadores inmigrantes que residan en zonas fronterizas con España, por lo que cruzan a diario la frontera para trabajar en este país y vuelven a su país de origen una vez finalizada su jornada. Estas se dividen en autorizaciones por trabajo por cuenta ajena y por trabajo por cuenta propia. Para obtener esta autorización, el inmigrante deberá cumplir los siguientes requisitos (Secretaría de Estado de Migraciones: 2022):

(a) No tener nacionalidad o ser familiar de un Estado de la UE, del Espacio Económico Europea o de Suiza, ya que a estos se les aplica el régimen de ciudadano de la UE, por lo que tienen libertad de movimiento y trabajo;

(b) No presentar antecedentes penales en España o en cualquier país de residencia anterior, o encontrarse de manera irregular en el país;

(c) No tener prohibida la entrada al país. España tiene convenios con los diferentes países con listas que contienen personas rechazables;

(d) No encontrarse dentro del plazo de compromiso de no retorno. Si un inmigrante decide retornar voluntariamente a su país, España le concede ayudas a cambio de este compromiso de no retorno;

(e) No padecer ninguna enfermedad que necesite cuarentena recogida en el reglamento sanitario internacional;

(f) Vivir en una provincia o demarcación con frontera con España;

(g) Tener la capacitación para desempeñar la profesión;

(h) Que la situación nacional de empleo permita la contratación. Estos supuestos se dan en caso de que vaya a ocupar un empleo en una empresa incluida en el catálogo de ocupaciones de difícil cobertura (publicado por el Servicio Público de Empleo Estatal), que no se pueda cubrir ese puesto con un trabajador nacional y en caso de Chile y Perú, el Gobierno de España tiene firmado un acuerdo internacional que autoriza la residencia y trabajo de ciudadanos de estos países sin restricciones;

(i) El inmigrante deberá poseer un contrato con vigencia y cumpliendo con la normativa española vigente;

(j) Que el empleador esté al corriente del cumplimiento de sus obligaciones frente a la Seguridad Social y disponga de medios económicos, materiales o personales suficientes para que su proyecto empresarial sea viable.

2.2.3.13. Contratación en origen

También existe la posibilidad de contratación en origen, regulada por el Ministerio de Inclusión, Seguridad Social y Migraciones. Así, el Boletín Oficial del Estado publicó el 30 de diciembre de 2021 las disposiciones generales relativas a la gestión de ofertas de empleo (Orden ISM/1485/2021). Estas ofertas deberán cumplir ciertas características:

1. Tendrán carácter temporal: se establece para las siguientes actividades (a) de temporada o campaña, con una duración máxima de 9 meses dentro de un periodo de doce meses consecutivos y (b) de obra o servicio, con una duración máxima de un año;

2. Podrán formularse con carácter genérico (cuando vaya dirigido a un colectivo abierto), o nominativo (cuando se dirija a un trabajador o trabajadores concretos);

3. Deberán ofrecer como mínimo 10 puestos de trabajo (que pueden ser de uno o más empleadores) y los puestos tendrán las mismas características para poder tramitar su alta de forma acumulada. Todos deberán presentar los siguientes elementos: el mismo país de destino, el mismo código de ocupación, empleador, provincia del centro de trabajo, fecha de inicio y de finalización de la actividad, la fase de la campaña y tipo de gestión;

4. Las condiciones laborales ofrecidas deberán ir descritas de forma detallada. Los empleadores deberán ofrecer condiciones laborales dignas, cumpliendo los derechos y deberes vigentes en la legislación española;

5. Una vez finalizado, los trabajadores deberán regresar a su país de forma inmediata y acreditar dicho retorno en tiempo y forma, según el art. 99.2 del Reglamento de la Ley Orgánica 4/2000, del 11 de enero (Orden ISM/1485/2021).

2.2.4. Actividad laboral de la inmigración en España

Aquí hay que destacar una vez más que desde marzo de 2020 el mercado laboral de España se ha visto muy afectado por la pandemia, con un gran impacto en la economía y, por ende, en el empleo. Por ello, el Gobierno ha adoptado diferentes medidas, como son el expediente de regulación temporal de empleo (ERTE), prestaciones a autónomos, créditos ICO a empresas, así como diversas ayudas específicas para los colectivos más vulnerables. La encuesta de población activa (EPA), el registro de afiliación a la Seguridad Social y el paro registrado contarán a aquellos trabajadores que se han visto afectados por un ERTE como trabajadores ocupados, por lo que no computarán como parados (SEPE, 2022: 16).

Si nos centramos en la actividad laboral de los inmigrantes en España, el último trimestre de 2021 la población extranjera activa y parada descendió frente al aumento de población extranjera ocupada e inactiva, lo que supone una tasa de trabajadores del 54,82 %. Esto muestra una recuperación frente al año 2020, en el que durante el último trimestre esta tasa llegó solo al 51,78 % (SEPE, 2022: 17).

Así, en el año 2021 del total de 19.384.359 contratos registrados por los Servicios Públicos de Empleo, 3.946.543 pertenecían a extranjeros, lo que supone un 20,36 % (SISPE, 2022). Este porcentaje es ligeramente inferior al año 2020. Si analizamos la evolución de este porcentaje, vemos que hubo una evolución negativa entre los años 2007 (con un 21,25 %) y 2015 (con la tasa más baja de 16,21 %), debido a la crisis (*cf.* 2.1.3.). Desde entonces, la evolución se ha mantenido al alza, con excepción del año 2021, donde ha descendido ligeramente (*Ibidem*).

Si analizamos los sectores en los que los inmigrantes han encontrado ocupación, destaca el sector servicios, donde un 72,27 % (950.702 hombres y 1.068.517 mujeres) ha logrado un puesto de trabajo, seguido de lejos por la agricultura y pesca con un 11,44 % (1.060.288 hombres y 267.839 mujeres), la construcción con un 8,97 % (241.852 hombres y 10.478 mujeres) y finalmente la industria con un 7,32 % (950.702 hombres y 1.068.517 mujeres) (SEPE, 2022: 31ss.). Por grupos de ocupación[27], el mayor número de solicitudes de empleo se han dado en el grupo 9 de ocupaciones elementales, con 652.803 solicitudes (45,85 %), seguido del grupo número 5, donde se encuentran los servicios de hostelería y restauración, de cuidado de terceros, de protección y vendedores, con 349.579 solicitudes (24,55 %) y el grupo 7, dedicado a la artesanía y la construcción, con 143.175 solicitudes (10,06 %).

Tal como muestra la tabla 6, las actividades donde más inmigrantes encuentran ocupación son el comercio (18,3 %) y la hostelería (18,23 %), con porcentajes muy próximos y que juntos suman casi un 40 % del total de trabajos realizados por extranjeros. Les siguen las actividades administrativas y servicios auxiliares[28] (10,99 %) y la construcción (10,92 %). Estas cuatro actividades suponen prácticamente el 60 % de las actividades a las que acceden los inmigrantes. En este punto hay que destacar que estas

---

27 El sistema de la Seguridad Social se compone por el Régimen General y Regímenes Especiales (Régimen Especial de Trabajadores Autónomos, de Minería del Carbón y de Trabajadores del Mar). Tanto el Régimen General como el Especial de Autónomos se divide en 10 grandes grupos, que a su vez se subdividen en las diversas ocupaciones que se pueden llevar a cabo. Estos 10 grupos representan la cualificación de los trabajadores y son: (1) directores y gerentes, (2) técnicos y profesionales científicos e intelectuales, (3) técnicos; profesionales de apoyo, (4) contables, administrativos y otros empleados de oficina, (5) servicios de restauración, personal protección y vendedores, (6) trabajadores cualificados en el sector primario, (7) trabajadores cualificados en industrias manufactureras y construcción (excepto operadores), (8) operadores de instalaciones y maquinaria y montadores, (9) ocupaciones elementales y (0) ocupaciones militares. Para más información, puede consultar las tablas de ocupación con los grupos y subgrupos en la siguiente página web del sistema RED: https://www.seg-social.es/wps/wcm/connect/wss/43c07033-9bc6-43e0-acca-fea462663adf/T90-TABLA+DE+OCUPACI%C3%93N+C.N.O.+.pdf?MOD=AJPERES.

28 Los servicios auxiliares más demandados son el servicio de limpieza y mantenimiento, de jardinería y otros servicios auxiliares, que son puntuales, como son mudanzas, telefonistas en campañas, recepcionistas o conserjes para cubrir vacaciones, etc.

cifras recogen únicamente datos de aquellos inmigrantes que están dados de alta en la Seguridad Social. Los trabajadores sin contrato no están contabilizados (*cf.* 2.3.).

Esta tabla muestra claramente cómo los inmigrantes suelen llevar a cabo trabajos de ocupación elemental, donde no se requieren estudios, a pesar de que muchos de ellos sí tendrían la formación suficiente como para acceder a puestos con un perfil superior.

Por nivel formativo existe una gran desigualdad en la contratación de los inmigrantes, ya que la mayoría obtuvieron trabajos donde no se necesitaban estudios. Así, 2.821.499 (1.869.532 hombres y 951.967 mujeres) fueron contratados para ocupaciones donde no se requerían ningunos estudios, a 532.076 (330.397 hombres y 201.679 mujeres) les exigían educación secundaria obligatoria, a 301.379 (152.629 hombres y 148.750 mujeres) les requirieron el bachillerato, 77.391 (39.439 hombres y 27.952 mujeres) presentaron una formación profesional de grado medio, 39.598 (17.990 hombres y 21.608 mujeres) de grado superior, 137.692 (59.115 hombres y 78.577 mujeres) necesitaron estudios universitarios y finalmente 36.908 (6.428 hombres y 30.480 mujeres) obtuvieron trabajos sin determinar sus grados de formación (SEPE, 2022: 38). Interesante es resaltar que, cuanta más alta la exigencia de una formación, más se nivela la desigualdad entre hombres y mujeres, incluso superando estas últimas a los varones en la exigencia de grado superior de FP y estudios universitarios. Esto nos muestra que las mujeres inmigrantes tienen más posibilidades de encontrar un trabajo acorde con sus estudios que los varones.

Si nos fijamos en el Régimen al que se afilian los inmigrantes (Régimen General o Especial), las cifras son muy similares a las del total de afiliados. Así, en diciembre de 2021 un 65,02 % de los inmigrantes estaba inscrito en el Régimen General, frente al 34,97 %, que se afilió a algún Régimen Especial: el 17,16 % al Régimen Especial de Autónomos, el 10,27 % al Especial Agrario, el 7,38 % al de Empleados del Hogar y de forma residual el 0,16 % al Régimen Especial del Mar.

En el marco de contratos por género, vemos que hay una divergencia entre los grupos que provienen de la UE y aquellos que no. De esta manera, en el año 2021 la tasa de contratación de miembros de la UE por género es muy similar (556.243 de hombres y 494.454 de mujeres), frente a una desigualdad manifiesta en los países no pertenecientes a la UE, con más

Tabla 6: Ocupaciones de inmigrantes en España (elaboración propia) (SEPE, 2022: 31)

Actividad económica realizada	Número de inmigrantes	Porcentaje de inmigrantes
Agricultura, ganadería, selvicultura y pesca	22.517	1,22
Industrias extractivas	1.072	0,06
Industria manufacturera	155.645	8,43
Suministro de energía eléctrica, gas, vapor y aire acondicionado	951	0,05
Suministro de agua, actividades de saneamiento, gestión de residuos y descontaminación	6.821	0,37
Construcción	201.566	10,92
Comercio al por mayor y menor; reparación de vehículos de motor y motocicletas	337.900	18,3
Transporte y almacenamiento	119.229	6,46
Hostelería	336.684	18,23
Información y comunicaciones	64.133	3,47
Actividades financieras y de seguros	15.327	0,83
Actividades inmobiliarias	20.441	1,11
Actividades profesionales, científicas y técnicas	90.065	4,88
Actividades administrativas y servicios auxiliares	202.945	10,99
Administración pública, defensa y Seguridad Social obligatoria	15.330	0,83
Educación	63.884	3,46
Actividades sanitarias y de servicios sociales	94.122	5,1
Actividades artísticas, recreativas y de entretenimiento	30.132	1,63
Otros servicios	62.729	3,4
Actividades de los hogares	4.108	0,22
Actividades organizaciones y organismos extraterritoriales	917	0,05
Total	1.846.518	100

del doble de contratos a hombres que a mujeres (1.919.287 de hombres y 976.559 de mujeres) (SISPE, 2022).

Finalmente, la tipología de contratos realizados a inmigrantes en 2021 muestra una gran desigualdad entre los contratos de carácter indefinido, que suponen un 12,26 %, y los temporales que alcanzan el 87,74 %. Esto resta estabilidad a los inmigrantes afincados en nuestro país.

Además, con el nuevo Real Decreto 629/2022, del 26 de julio, los estudiantes han adquirido también derechos para ejercer una ocupación laboral. Así, los extranjeros podrán realizar trabajos por cuenta propia o ajena, siempre que dispongan de una autorización de estancia por estudios, formación, prácticas no laborales o servicio de voluntariado, a condición de que esta ocupación sea compatible con sus estudios. Además, el Real Decreto recalca que deberán ser estudios superiores, de una formación reglada para el empleo o destinada a la obtención de un certificado de profesionalidad o una formación que lleve a la obtención de la certificación de aptitud técnica o habilitación profesional necesaria para el ejercicio de una ocupación específica. Esta actividad no excederá las 30 horas semanales (Real Decreto 629/2022).

2.3. Inmigración irregular

La Organización Internacional para las Migraciones[29] (OIM) define a los migrantes irregulares como «un movimiento de personas que se produce al margen de las leyes, las normas o los acuerdos internacionales que rigen la entrada o la salida del país de origen, de tránsito o de destino» (OIM, 2021a), aunque no existe una definición universalmente aceptada. El Observatorio de Migración de la Universidad de Oxford diferencia entre el término de migración irregular, como un flujo de personas que entra en un país sin el permiso legal de dicho país, y el de migrante irregular,

---

29 La Organización Internacional para la Migración es la principal organización intergubernamental dedicada a las migraciones y cuenta con 174 Estados miembros y 8 Estados observadores. Busca asegurar una gestión ordenada y humana de la migración, promover la cooperación internacional sobre cuestiones migratorias, ayudar a encontrar soluciones prácticas a los problemas migratorios y ofrecer asistencia humanitaria a migrantes con necesidades, ya sean refugiados, desplazados, apátrida o desarraigados (OIM, 2022a).

que se define como el grupo de migrantes que residen en un país, aunque no tengan los permisos requeridos para ello (Vespe *et al.*, 2017: 26). Esta situación se da en los siguientes casos (Migrationdataportal, 2022):

- El migrante entra en un país de forma irregular a través de documentos falsos o cruzando una frontera oficial sin permiso;
- El migrante entra en un país de forma regular con visado o permiso de residencia, pero no retorna a su país cuando este expira; o
- El migrante tiene derecho a residir en un país pero no a trabajar en este país.

El hecho de que una persona o un grupo de personas migren al margen de la ley, las normas o los acuerdos internacionales no exime a los países de tránsito o de destino de proteger sus derechos y ampararlos, de acuerdo con el derecho internacional (OIM, 2021). Además, estas personas pueden entrar y salir de la irregularidad en ciertos momentos. Así, si un migrante viene con visado o permiso, tendrá una estancia legal hasta que venza su visado, donde pasa a una estancia irregular. Por otro lado, aquellos que huyen de un conflicto armado cruzarán la frontera de forma irregular, aunque, una vez que hayan solicitado asilo, pasarán a estar en el país de acogida de forma legal (Vespe *et al.*, 2017: 27).

Estas fluctuaciones, junto con el hecho de que la migración irregular se produce al margen de las normas dictadas por los países de acogida, por lo que los migrantes procuran evitar la detección, hacen que disponer de datos reales y fiables de los migrantes irregulares sea casi imposible.

2.3.1. Inmigración irregular en España

España es una puerta de entrada a la inmigración, tanto legal como ilegal, debido a su cercanía al continente africano (hay una distancia de únicamente 13 km entre la península y el continente y la frontera terrestre de Ceuta y Melilla con Marruecos), como también a sus lazos lingüísticos y culturales con Iberoamérica (Fernández, 2022b). La mayoría de la inmigración irregular proveniente de África entra en nuestro país por vía marítima, por el mar Mediterráneo o las islas Canarias, o por vía terrestre, saltando la valla de Ceuta o Melilla. En el año 2021 hubo un repunte de estas vías de entrada a Europa, lo que pone en tela de juicio la efectividad de las medidas migratorias pactadas por España y Marruecos[30]. Una vez que los inmigrantes cruzan la frontera de forma irregular, hay varias posibilidades: la tan criticada devolución «en caliente»[31], el ingreso en uno de los centros de internamiento de extranjeros (CIE)[32], desde donde son devueltos y expulsados, y la tercera opción es su puesta en libertad. Esta última deja a los inmigrantes en un limbo, ya que tienen que esperar e intentar sobrevivir tres años sin la posibilidad de trabajar legalmente, hasta poder solicitar una autorización de residencia por arraigo social (Fernández, 2022). Según los datos del INE, siempre teniendo en cuenta que hay cifras oscuras de inmigración irregular muy difíciles de rastrear, en el año 2021 lograron cruzar de forma irregular 41.975 personas. Por vía marítima 22.316 por las islas Canarias, 17.371 por las costas peninsulares y las islas Baleares y por vía terrestre 1.157 por Ceuta y 1.131 por Melilla (INE: 2022).

---

30 El 30 de abril de 2022 entró en vigor un nuevo acuerdo de cooperación en materia de seguridad y lucha contra la delincuencia firmado por el Reino de España y el Reino de Marruecos, que se basa en el Tratado de Amistad, Buena Vecindad y Cooperación firmado en Rabat el 4 de julio de 1991. Así, ambos países refuerzan sus políticas de seguridad fronterizas, en línea con las políticas migratorias europeas y colaborarán contra acciones criminales, en la lucha contra cualquier otro delito que necesite la cooperación de ambos países e intercambiarán información, ayuda y colaboración (Convenio entre el Reino de España y el Reino de Marruecos, 2019).

31 Bajo devoluciones en caliente se entiende la expulsión automática e inmediata de los migrantes que cruzan la valla de Ceuta y Melilla, sin que tengan acceso a los procedimientos debidos o puedan impugnar este hecho. Esta acción es una violación de los derechos humanos, ya que impide al inmigrante solicitar asilo (Amnistía Internacional, 2022).

32 Los Centros de Internamiento de Extranjeros, también llamados CIE, son instalaciones públicas de carácter no penitenciario, donde se «interna» y retiene a los inmigrantes irregulares para facilitar su expulsión. El periodo máximo de estancia en estos centros es de 60 días, después del cual se deben expulsar a los inmigrantes o ponerlos en libertad. Actualmente existen 7 centros en España, gestionados por el Ministerio del Interior a través de la Dirección General de la Policía: en Madrid (Aluche), Barcelona (Zona Franca), Murcia (Sangonera), Valencia (Zapadores), Algeciras (La Piñera), Tenerife (Hoya Fría) y las Palmas de Gran Canaria (Barranco Seco). Además, y aunque no se incluyan en los listados oficiales, existen otras instalaciones que cumplen las mismas funciones que los CIE (CEAR: 2022b).

Así, una vez en territorio español, existen varios supuestos para la regularización de estos inmigrantes irregulares, que son (Parra, 2020):

1. Arraigo social: el inmigrante debe demostrar que lleva al menos tres años viviendo en territorio español, contar con una oferta de trabajo y demostrar tener vínculos familiares con otros extranjeros residentes en España o presentar un informe de arraigo que acredite su integración social;

2. Arraigo familiar: el inmigrante debe demostrar que es padre o madre de un menor de edad con nacionalidad española o que es hijo de padre o madre español;

3. Arraigo laboral: este es el más problemático de los supuestos, ya que requiere una denuncia del inmigrante a su empleador. Así, el inmigrante debe demostrar que ha vivido al menos dos años en España y que ha trabajado por cuenta ajena durante al menos seis meses. Para ello, tiene que presentar una resolución judicial que reconozca la relación laboral o un Acta de infracción de la Inspección de Trabajo y Seguridad Social;

4. Matrimonio o constitución de pareja de hecho con un ciudadano de la UE: si el inmigrante se casa o forma una pareja de hecho con un español o un ciudadano de la UE, siempre que viva en España como mínimo 3 meses, puede obtener la tarjeta de residencia de familiar comunitario. Sin embargo, en este caso debe demostrar que tiene recursos económicos suficientes;

5. Protección internacional: si el inmigrante demuestra que en su país de destino corre peligro su vida, tiene derecho a solicitar asilo, de acuerdo con la Convención sobre el Estatuto de los Refugiados de las Naciones Unidas de 1951, modificada en 1967 con el Protocolo sobre el Estatuto de los Refugiados (Acnur, 1967). Durante el proceso de verificación obtendrá un permiso de residencia temporal, por lo que no se le considerará un inmigrante irregular;

6. Estudiante: si el inmigrante ha permanecido en España al menos tres años como estudiante, ha finalizado sus estudios, tiene la cualificación profesional exigida y no ha disfrutado de ninguna beca o subvención por organismos públicos o privados, podrá obtener un permiso de trabajo y residencia. (Real Decreto 629/2022).

Cabe resaltar un fenómeno nuevo que se da desde hace relativamente poco, el de los menores extranjeros no acompañados (menas, por sus siglas).

Llegan a un país, en este caso España, que no es el suyo, con una lengua y cultura completamente ajena a lo que ellos conocen, lo que hace que su desprotección sea aún mayor (Unicef: 2022). La mayoría de ellos llegan a las costas españolas en pateras provenientes de Marruecos, Guinea o Argelia y acaban en centros de menores dependientes de las Comunidades Autónomas o en familias de acogida (Fernández, 2022). Según el Informe del Defensor del Pueblo de 2021, que se basa en los datos de la Comisaría General de Extranjería y Fronteras, España acogió en 2020 a 9.030 menores no acompañados, en su gran mayoría varones (8.161 niños y 869 niñas) (epdata: 2021). Estas cifras suponen una caída con respecto a años anteriores, donde se alcanzó la llegada de cerca de 14.000 menas en 2018. Esto supone un total de 50.272 menores residiendo en España privados del cuidado paternal (*Ibidem*). Por CC. AA., la comunidad que más menores ha acogido es Andalucía con 2.507, seguida de Canarias con 1.849 y Cataluña con 1.168. Estos datos, sin embargo, como ya hemos mencionado anteriormente, no son fiables, ya que muchos evitan ser registrados por las autoridades españolas, lo que les deja en una situación de máxima vulnerabilidad.

PARTE III

3. Inmigración en el sector del turismo

Hay infinidad de investigaciones relacionadas con el turismo. Sin embargo, la forma en la que el turismo influye en las migraciones humanas, si atrae o no flujos migratorios, apenas ha sido abordado por los estudiosos (Baum *et al.*, 2016).

La tabla 7 muestra el número de inmigrantes que trabajan en el sector turístico durante el segundo trimestre de 2022, detallado por subsectores, según la división realizada por CSTE (2022: 17) y presentada en el punto 1.5. Vemos que en restauración y alojamientos hay una sobrerrepresentación de los inmigrantes, ya que cerca del 40 % encuentra ocupación en uno de estos dos subsectores. Además, esta tabla muestra que más de la mitad de los inmigrantes trabajan en este sector (Turespaña: 2022a).

Estos datos dejan patente que la mayoría de la inmigración viene a ocupar puestos de trabajo en la hostelería (seguido de construcción y agricultura), puestos que de otra manera serían difíciles de cubrir, como vemos en el punto 3.3, donde se recogen los problemas estructurales de este sector y cómo la inmigración evita que estos limiten las actividades de muchos servicios de alojamiento y restauración.

Este es un fenómeno que no ocurre únicamente en España, sino en la mayoría de países desarrollados. Esto lo demuestran los datos de Eurostat, que hablan de la sobrerrepresentación de inmigrantes en cuatros sectores económicos de la UE en 2020, que son (Comisión Europea, 2021):

1. Hostelería y restauración: el empleo global de inmigrantes en este sector supone un 11,4 %, mientras que la de ciudadanos de la UE supone solo un 3,8 %.
2. Actividades administrativas y servicios auxiliares: el empleo global de inmigrantes en este sector supone un 7,1 %, frente al 3,7 % de ciudadanos de la UE.
3. Trabajo doméstico: los extranjeros que trabajan en este sector copan un 6,5 %, mientras que el de ciudadanos de la UE supone solo el 0,7 %.
4. Construcción: mientras el empleo global de los inmigrantes supone un 8,6 %, el de ciudadanos de la UE es de 6,4 %.

Tabla 7: Datos de inmigrantes en el sector turístico (elaboración propia) (Turespaña: 2022a)

Actividad del sector turístico	Número de inmigrantes	Porcentaje de inmigrantes
Servicios de alojamiento	336.684	18,23
Servicios de provisión de alimentación y bebida	337.900	18,30
Servicios de transporte de pasajeros	119.229	6,46
Servicios de las agencias de viajes, operadores turísticos y guías turísticos	155.645	8,43
Servicios culturales, recreativos y de entretenimiento y servicios turísticos diversos	30.132	1,63
Total	979.590	53,05

Estos datos muestran que también en la UE el sector turístico es el que más se beneficia de la entrada de inmigrantes como mano de obra y que, sin esta, el sector se resentiría, ya que los nacionales optan por sectores con menos temporalidad, jornadas menos prolongadas y con oportunidades de promoción más claras.

3.1. Importancia en el sector

La inmigración es vital para la industria del turismo, ya que se alimenta de esta para la mano de obra. De hecho, Emilio Gallego, secretario general de la Confederación Empresarial de Hostelería de España, defiende que muchas empresas del sector turístico pueden abrir gracias a la mano de obra extranjera, ya que no se encuentran muchos nativos que quieran trabajar en este sector, debido a las características especiales de este, entre los que se encuentran la temporalidad, jornadas prolongadas, jornadas a turnos, salarios bajos, pocas perspectivas de promoción, etc. (Miranda, 2022).

Este hecho también se desprende del informe del Banco de España con el título «Flujos migratorios en España durante la crisis de la covid-19 y su incidencia sobre la oferta laboral» (Cuadrado y Montero, 2022). Este informe advierte que el saldo migratorio de extranjeros hacia España se redujo en 2020 en un 48 %, descenso que afecta de forma relevante a la oferta laboral. Los sectores con más porcentaje de trabajadores inmigrantes (turismo, agricultura y construcción), son aquellos que más pueden sufrir con la insuficiencia en la mano de obra. Esto también se puede inferir de la Encuesta sobre la Actividad Económica (EBAE) de 2021, que vincula la escasez de mano de obra que padece el sector con la falta de inmigrantes por su retorno debido a la covid-19. Esta es la razón por la que muchas empresas hosteleras no han podido abrir sus puertas todos los días (*cf.* 3.3), por lo que el Gobierno de España ha aprobado el 27 de julio de 2022 una modificación del Régimen de extranjería, que busca facilitar la incorporación de inmigrantes a estos sectores. De esta manera, pretende facilitar a los empresarios la contratación de extranjeros en sus países de origen, así como la regularización de los inmigrantes que se encuentran en nuestro territorio de forma ilegal, para que puedan trabajar y cubrir la escasez de mano de obra (Real Decreto 629/2022).

3.1.1. Beneficios de la inmigración para zonas rurales

Otro beneficio de la inmigración lo encuentran las zonas rurales que en España se encuentran con un grave problema de despoblación, que se da debido a dos causas principales: el crecimiento vegetativo negativo y el desequilibrio en los flujos migratorios (Redondo y Postigo, 2021). Este fenómeno, que afecta gravemente a España, se denomina «España vacía» o «España vaciada». Sin embargo, y desde la pandemia, se está constatando un cambio en esta tendencia, con población urbana que retorna al campo (Camarero, 1993). Así, Romagosa *et al.* (2020) dividen esta vuelta a los espacios rurales en tres tipos de migraciones: (a) las migraciones de jubilación o residenciales, (b) las migraciones de retorno y (c) las migraciones laborales o económicas. Tanto en el primer tipo, con inmigrantes que necesitan servicios y comodidades en nuestro país, como en el último, donde muchos trabajadores extranjeros con escasa cualificación buscan mejores oportunidades de trabajo en estas áreas, la inmigración desempeña un papel esencial.

3.1.1.1. *Migraciones de jubilación o residenciales*

Estas migraciones son un fenómeno vinculado a la globalización y se refiere principalmente a personas jubiladas de clase media-alta que se desplazan a vivir a lugares con un clima más favorable o a países con un nivel adquisitivo más bajo, donde pueden vivir relajadamente con sus pensiones. Un claro ejemplo son los ingleses y alemanes que deciden comprarse una segunda vivienda en regiones menos pobladas, que, sin embargo, debido a las bajadas de precio de los billetes de avión y el desarrollo de los trenes de alta velocidad, son fácilmente accesibles para ellos[33]. Esta migración ayuda a la economía rural, ya que reactiva los negocios locales y promueve la regeneración económica (Hall y Müller, 2004; Perlik y Membretti, 2018). Como punto negativo cabe resaltar que estas migraciones en muchas ocasiones provocan el aumento de los precios de las viviendas y el desplazamiento de la clase trabajadora local, mucho más joven y sin tanto poder adquisitivo como el migrante jubilado (Morén-Alegret y Wladyka, 2019: 260), lo que lleva a la gentrificación (*cf.* 1.5.). Dentro de este grupo, donde se encuentran tanto desplazados como inmigrantes, también se pueden encontrar personas más jóvenes con un perfil emprendedor que buscan una vida más tranquila que la que les ofrecen las grandes ciudades (Eimermann y Kordel, 2018).

3.1.1.2 *Migraciones de retorno*

Dentro de este grupo de migrantes se incluyen personas que han emigrado a otros países de Europa y de Iberoamérica y que vuelven a su área rural de origen para vivir de forma tranquila. Aquí también se engloban los descendientes de antiguos habitantes, que buscan sus orígenes (Morén-Alegret, 2008).

3.1.1.3. *Migraciones laborales o económicas*

Para evitar la despoblación, muchas áreas rurales convertidas en marginales decidieron a partir de la década de 1980 cambiar su modelo económico y basar su crecimiento en el turismo rural, la agricultura ecológica y actividades relacionadas con el deporte de aventura o con diversos servicios (Romagosa *et al.*, 2020: 322). La llegada del inmigrante ha revitalizado estas áreas y las ha convertido en más dinámicas y diversificadas (de hecho, su ingreso principal ya no proviene de la agricultura). Con buen criterio

---

33 Muchos deciden pasar los meses de invierno en España para escapar del frío de sus países de proveniencia, lo que se denomina turismo de hibernación.

Romagosa *et al.* (2020) apunta a que estas migraciones pueden ayudar a cumplir algunos de los objetivos propugnados por las Naciones Unidas en la Agenda 2030, como puede ser el crecimiento inclusivo y el desarrollo sostenible a diferentes escalas.

3.2. Inmigrantes como emprendedores turísticos

Muchos inmigrantes no solo trabajan por cuenta ajena en el sector turístico, sino que procuran emprender. Este grupo recibe el nombre de emprendedores inmigrantes o étnicos, debido a que muchos de sus miembros provienen de minorías étnicas y presentan diferencias culturales, geográficas, lingüísticas o socioeconómicas con los nativos, por lo que sus comportamientos emprendedores también serán diferentes (Calero, 2021: 37). La motivación de estos se divide en dos supuestos: (1) aquellos que emprenden por necesidad, debido a que el mercado laboral les ofrece pocas oportunidades de trabajar por cuenta ajena y (2) aquellos que lo hacen por la oportunidad, es decir, que por su carácter y sus habilidades creen que pueden conseguir un futuro mejor si emprenden (Kerr y Kerr, 2020). Así, los pertenecientes al primer supuesto, suelen ser inmigrantes discriminados en el mercado laboral debido a diversos factores, como su procedencia, el desconocimiento del idioma del país de origen, un nivel educativo bajo, etc. y creen que la única manera que tienen de supervivencia es el autoempleo (Levie, 2007; Bizri, 2017). Los inmigrantes emprendedores que se engloban en el segundo supuesto suelen tener un perfil con mayor nivel de conocimientos y formación, y buscan implementar estrategias innovadoras en un entorno nuevo y cambiante (Solé *et al.*, 2007). En el país de destino buscan economías más desarrolladas que las de su país de origen, con mercados abiertos y competitivos (Kerr y Kerr, 2020).

La gran ventaja de tener emprendedores inmigrantes, sobre todo para un mercado turístico maduro como es el español (*cf.* 1.), es que estos tienen una visión y unos conocimientos muy diferentes a la de los nativos, por lo que pueden aportar innovación y diferenciación y, con ello, aumentar la competitividad (Altinay y Altinay, 2006; McLeod, 2014; Calero, 2021).

De los sectores turísticos, la restauración es la actividad turística que registra un mayor número de emprendimientos, debido a que no presenta excesivas barreras de entrada en el sector y, aunque es necesaria una inversión inicial, esta es menor que la obligatoria en otros sectores turísticos (Porras, 2022a). Según Calero, los inmigrantes implementan métodos de trabajo más eficientes, tanto en la organización de los recursos humanos, como en la gestión con los proveedores. Si nos centramos en las nacionalidades, en su tesis doctoral, Calero (2021) muestra que los inmigrantes europeos son los más emprendedores, frente a los africanos, cuya presencia en este mercado es mínima.

Además, las grandes ciudades presentan un fenómeno del que carecen las pequeñas localidades denominado «enclave étnico». Este se basa en que muchos inmigrantes emprendedores ofrecen sus servicios o productos únicamente a otras empresas de inmigrantes, es decir se especializan en empresas inmigrantes (Porras, 2022a).

Además, la ley tiene establecidas diversas autorizaciones para apoyar a estos emprendedores. Así la Ley 14/2013 prevé autorizaciones iniciales de residencia de dos años para estos, que se podrán renovar por otros dos años. Esto trae consigo que, en virtud de esta ley, se concedan autorizaciones de trabajo en los siguientes supuestos (Ley 14/2013):

- Permiso de residencia para inversores (art. 66);
- Permiso de residencia para emprendedores (art. 69);
- Permiso de residencia para profesionales altamente cualificados (art. 71);
- Permisos de residencia para la formación, investigación, desarrollo e innovación (art. 72); y
- Permiso de residencia por traslado intraempresarial (art. 73).

3.3. Problemas laborales en el sector turístico

Como ya hemos mencionado en el punto anterior, el sector turístico presenta diversos problemas estructurales, como los sueldos bajos, la falta de mano de obra, la mano de obra no cualificada, los costes salariales o la temporalidad. Estos afectan a todo el sector, sin importar la procedencia de los trabajadores. Para conocer qué desincentiva a los profesionales del sector turístico a seguir con su profesión y cambiar de sector, Hosteltur ha realizado una encuesta entre 1.388 profesionales (Hosteltur, 2022). Así, un 66 % de estos consideran que los problemas más acuciantes son los sueldos bajos y las largas jornadas laborales. A esto le sigue la falta de valoración con un 15 % y, como consecuencia de esto, el poco crecimiento profesional con un 11 %. Además, el desprestigio histórico que sufren las profesiones vinculadas al turismo ha hecho mella y ha propiciado un abandono de este sector hacia otros trabajos con una salida mejor (*Ibidem*). Debido a la falta de mano de obra, este sector es un lugar apropiado para que los inmigrantes, más vulnerables que la población nativa, encuentren una oportunidad de trabajo y se concentren en él. De este modo, se añade otro problema específico que afecta únicamente a los inmigrantes y que es la sobrerrepresentación.

3.3.1. Sueldos bajos

Para poder conocer mejor los datos sobre los salarios del sector turístico, Turijobs[34] llevó a cabo un análisis de 9.000 ofertas laborales en España y Andorra durante un año con los siguientes datos del sector (Turijobs, 2020): un análisis de los subsectores muestra que el subsector del transporte (compañías de alquiler de vehículos, aerolíneas y cruceros) es el mejor pagado, con 21.908 € anuales, seguido del de alojamientos (apartamentos turísticos, cadenas hoteleras, campings, hostales/pensiones, hoteles, turismo activo, turismo rural/agroturismo/hoteles rurales) con una media de 19.748 €, restauración (cadenas de restauración, restaurantes, bares, cafés y catering) con una media de 19.204 €, agencias de viaje y tour operadores con 18.908 € y finalmente el último grupo, donde se incluyen las empresas de animación, balnearios, spas, guías de turismo, organismos de turismo y parques temáticos, donde el sueldo medio bruto anual alcanza únicamente 13.486 €. Si observamos el sueldo medio de todo el sector del turismo en España, este supone 19.593 € brutos anuales, un 17,4 % más bajo que la media salarial. El único grupo dentro del sector turístico que no está expuesto a esta desigualdad, es el área de gestión y administración,

---

34 Turijobs es el portal de empleo especializado en turismo y hostelería más importante de España, forma parte del grupo alemán *yourcareergroup GmbH*, que con más de 18 años de experiencia opera en diversos países y cuenta con más de 1 millón de candidatos y 11.000 empresas registrados en su sistema.

que con un salario medio anual de 26.412 €, presentan un salario medio más alto que el nacional.

Si analizamos por CC. AA. los salarios más altos del sector, la lista la encabezan las islas Baleares (con una media anual de 20.288 € brutos), seguidas de Cataluña (19.746 €), Andalucía (19.516 €), Madrid (19.285 €) y las islas Canarias (19.249 €). La CC. AA. con sueldos más bajos, hasta un 8,8 % por debajo de la media, es la Comunidad Valenciana, que paga de media 18.000 € anuales.

3.3.2. Jornadas muy prolongadas

La Organización Mundial de la Salud (OMS) y la Organización Internacional del Trabajo (OIT) han publicado conjuntamente un estudio con datos recogidos entre los años 2000 a 2016 (Pega *et al.*, 2021) sobre las consecuencias para la salud de las jornadas laborales prolongadas, donde han llegado a la conclusión de que trabajar más de 55 horas a la semana aumenta un 35 % el riesgo de sufrir un accidente cerebrovascular y un 17 % de una cardiopatía isquémica. Viendo los peligros que conllevan estas jornadas, es preocupante ver cómo el sector turístico es la industria con más horas extras del mercado español, la mayoría sin remunerar. Las cifras sobre estas horas, además, no son fiables, debido a que ni empleadores ni empleados llevan el cómputo de aquellas que no se pagan. Según una encuesta llevada a cabo por la EPA (INE, 2022b) entre las plantillas de bares, restaurantes y hoteles sobre horas extraordinarias de los dos primeros trimestres del año 2022, las horas extraordinarias abonadas a asalariados del sector turístico en España durante estos trimestres alcanzan 1.602.000 horas. A esta cifra hay que sumarle otras 666.300 horas no pagadas. Esto supone una media mensual de 267.000 horas extras pagadas, más casi otro tercio, 111.050 horas, sin remunerar. Además, esta encuesta nos muestra una gran desigualdad de géneros. Así, vemos que de la bolsa de horas extraordinarias, los empleadores han pagado más horas extras a los varones (881.400 a varones versus 720.600 a mujeres), frente a las no retribuidas (282.700 de varones versus 383.700 de mujeres). La mujer, una vez más, pasa a ser más vulnerable ante estos abusos que el hombre.

3.3.3. Mano de obra

La calidad es un compendio de los siguientes tres conceptos (Flores Rodríguez *et al.*, 2014): (1) calidad de diseño (buen producto), (2) calidad de conformidad (bien hecho) y (3) calidad de servicio (atención cordial, amabilidad, y propiedad). El tercer concepto depende directamente de la conducta del profesional que presta el servicio, es decir, de la mano de obra. Esta es esencial en cualquier ocupación laboral de cara al público, ya que el empleado es la cara visible del sector. Así, alcanzar calidad en el sector turístico no depende solo de las infraestructuras y los protocolos de calidad. Gran parte está en manos de los profesionales del sector, que son los que interactúan con los turistas y cumplen o no con este tercer requisito. En España este factor presenta varias dificultades, entre las que destacan la falta de mano de obra y una mano de obra no cualificada, problemas que van íntimamente ligados entre sí.

3.3.3.1. Falta de mano de obra

Con la pandemia y las posteriores restricciones en el sector turístico, miles de trabajadores abandonaron el sector turístico en busca de trabajos más estables y mejor pagados (Mills, 2022). Esto ha producido que este sector se encuentre en el año 2022 con una falta de mano de obra acuciante. El presidente de la confederación empresarial *Hostelería de España*, José Luis Yzuel, advierte de que en nuestro país quedan muchas vacantes en el sector de la restauración y los hoteles, a pesar de que en 2022 han aumentado los salarios en casi un 60 %. Así, Yzuel reconoce que este problema de escasez de personal es un reto que deben superar, para lo que deben hacer el sector «laboralmente más atractivo» (Porras, 2022b). Además, culpa de esta falta de mano de obra a las características especiales del sector, como son los turnos partidos, el trabajo en fin de semana, los horarios largos, aunque defiende que siempre se cumple con la legalidad vigente. Con respecto a los inmigrantes, Yzuel valora la medida de suavizar el reglamento de la Ley de Extranjería para facilitar la residencia y el trabajo de dichos inmigrantes como imprescindible para el sector (*Ibidem*). En cifras, los datos del INE hablan de 109.000 ofertas en el sector turístico sin cubrir. También la encuesta del Banco de España a empresas españolas sobre su actividad en el segundo trimestre del año 2022 resalta este problema en la hostelería, que recoge un 50 % de puestos de trabajo sin cubrir en España (Cuadrado y Monero, 2022). No en vano, un 36,2 % de los empresarios de este sector denunció que tenía problemas en el desarrollo de su actividad por la falta de mano de obra (*Ibidem*). En su informe, el Banco de España vincula el retorno masivo a su país de origen de inmigrantes durante la pandemia global producida por la covid-19, las peores perspectivas de empleo y la incertidumbre inducidas por esta, que tuvieron un efecto disuasorio en los flujos migratorios, con la escasez de mano de obra (*Ibidem*).

Este problema no afecta solo a España, sino que es global dentro del sector, como ha denunciado Sebastian Bazin, director general de Accor en una entrevista con Reuters en el Foro Económico de Qatar (Mills, 2022). Tanto es así que su compañía hotelera necesita 35.000 trabajadores en todo el mundo, por lo que contratan a gente sin experiencia, estudiantes e inmigrantes. Además, denuncia que, fruto de esa escasez, muchos restaurantes pueden abrir solo cinco días a la semana.

3.3.3.2. *Mano de obra no cualificada*

El sector turístico se enfrenta a la escasez de profesionales debido a que, como ya hemos mencionado anteriormente, muchos trabajadores del sector reconstruyeron sus carreras profesionales durante los dos años de pandemia y los ERTE masivos. Así, Óscar Perelli, director de Estudios de *Exceltur*, confiesa que los problemas de encontrar trabajadores formados son acuciantes, por lo que están explorando la posibilidad de formar a refugiados ucranianos, para que puedan incorporarse a las plantillas de las compañías turísticas (Ugalde, 2022).

3.3.4. Costo de vida en zonas turísticas

Otro de los problemas estructurales del sector es el costo de vida en las zonas turísticas. El precio de los alojamientos en la temporada alta tiene unas subidas inasumibles para muchos trabajadores, con sueldos inferiores a la media nacional (*cf.* 3.3.1.). También los supermercados y las actividades sufren aumentos con la llegada de los turistas, lo que hace que no solo los vecinos de estos barrios se vean obligados a abandonar estas zonas, proceso que se denomina gentrificación (*cf.*1.5.), sino que los trabajadores también se vean afectados y tengan que desplazarse a zonas más alejadas, asumiendo un costo de transporte y perdiendo tiempo en sus desplazamientos al lugar de trabajo.

Esta problemática se da especialmente en algunas islas, donde conseguir alojamiento a precios competitivos para poder vivir es casi imposible, denuncia José Luis Zoreda, vicepresidente de *Exceltur* (*Ibidem*).

Si a este fenómeno le añadimos el aumento de los precios en alimentación, combustible, energías, etc. por causa de la inflación y la guerra de Ucrania, la supervivencia de los profesionales está en entredicho.

3.3.5. Temporalidad

La estacionalidad turística se produce debido a que los turistas se concentran en ciertas épocas del año, que coinciden con periodos vacacionales, y que se repite de forma periódica. Las variables que la explican son el clima (turismo de sol y playa en verano o de montaña en invierno), factores de decisión humana (vacaciones escolares, de asalariados, etc.), la presión social y destinos de moda (los estudiantes a zonas con discotecas, por ejemplo, Magaluf o Benidorm), eventos deportivos (mundiales de fútbol, juegos olímpicos, etc.) e inercia y tradición (Butler, 2000). Según un informe de *Randstad*, la hostelería ha tenido un aumento de un 587,1 % en sus contratos indefinidos del primer trimestre de 2022. Además, el estudio de CC. OO. «Coyuntura turística y empleo en España» muestra que la tasa de temporalidad en el sector se ha reducido en tres puntos mediante el contrato fijo discontinuo (González, 2022), lo que supone un 12 %. Sin embargo, esta evolución positiva se centra en alojamientos, donde se han perdido 12.000 empleos temporales y ganado 20.000 indefinidos, en detrimento de la restauración, con una pérdida de 26.000 contratos temporales frente la firma de solo 18.000 contratos indefinidos.

Para poder superar esta escasez de personal, Panosso Netto y Lohman (2012) proponen extender la estación turística principal, establecer otras estaciones basadas en atracciones diferentes a las principales, diversificar y ampliar el mercado, crear atracciones turísticas fuera de temporada, como festivales o eventos internacionales y, finalmente, incentivar con impuestos y subvenciones el turismo fuera de temporada. Esto daría estabilidad a los trabajadores del sector, lo que haría más atractivo trabajar en esta área económico.

Dentro de la temporalidad, los sindicatos hacen hincapié en el problema de los contratos a tiempo parcial, que supone un 32,7 % de los contratos y que afecta al 55 % de los contratos temporales y al 40 % de los fijos discontinuos (González, 2022).

3.3.6. Sobrerrepresentación de inmigrantes en el sector

Debido a la escasez de mano de obra, el Gobierno de España ha aprobado el 27 de julio de 2022 un decreto para ampliar la contratación en origen, el acceso al trabajo de estudiantes extranjeros y regularizar la situación de extranjeros que viven en España de forma ilegal. Sin embargo, tanto CC. OO., como UGT denuncian que estas medidas acentúan la segmentación laboral para con los inmigrantes, ya que la mayoría encontrará trabajo en este sector, lo que formará guetos (López, 2022).

Tanto es así que Emilio Gallego, secretario general de la Confederación Empresarial de Hostelería de España, afirma que los trabajadores extranjeros son esenciales en el turismo, ya que son trabajos poco atractivos para los españoles, debido a las características especiales presentadas en los puntos 3.3.1. a 3.3.5. Defiende que los cupos de inmigrantes que encuentran empleo en este sector suponen la salvación de este sector, que si no, se expondría al cierre de muchas de sus empresas (Miranda, 2022).

4. Flujos migratorios hacia el sector del turismo

Interesante resulta también discriminar por continentes los flujos migratorios que vienen hacia el sector del turismo. Según datos ofrecidos por la Secretaría de Estado de Empleo y Economía Social, dependiente del Ministerio de Trabajo y Economía Social, vemos que en el año 2021, del total de autorizaciones de trabajo a extranjeros concedidas en España (121.860) un 57 % fue al sector del turismo (69.265). Así, el continente que más ha contribuido al sector es América con 44.178 personas, seguido de Asia con 11.123 trabajadores y África con 10.234 personas. En penúltimo lugar se encuentra Europa con 3.678 personas y Oceanía, donde únicamente 19 personas han venido a trabajar en este sector (Vicepresidencia Segunda del Gobierno, 2022). Es interesante ver cómo la mayoría de los inmigrantes que llegan a España provienen de Europa, pero que estos apenas encuentran ocupación en este sector, equiparándose a los nativos, que favorecen otros sectores más estables. Además, también cabe resaltar la importancia de la lengua en la decisión de emigrar a nuestro país, así como las condiciones económicas del país de origen y su estabilidad y proyección de futuro. Otro factor a tener en cuenta es la juventud de los emigrantes, ya que la franja de edad de 25 a 34 años supone el 42 % del total de los trabajadores con autorización (*Ibidem*).

A continuación, vamos a mostrar una segmentación por nacionalidades, según los permisos de trabajos concedidos para trabajos en el sector turístico y obtener así una visión más delimitada de la procedencia de los inmigrantes[35].

4.1. Desde Europa

El artículo 45 del Tratado de Funcionamiento de la Unión Europea establece la libre circulación de trabajadores dentro de la UE, por lo que los ciudadanos de los Estados miembros no tienen necesidad de la obtención

---

35 Estos datos corresponden a los datos definitivos de 2020.

de un permiso de trabajo, ya que cuentan como nacionales (Comisión Europea, 2018). Al no ser considerados extranjeros, presentaremos como migrantes europeos únicamente aquellos trabajadores que no pertenezcan a los países pertenecientes a la UE. Según el conjunto de ciudadanos en edad de trabajar (entre los 20 y los 64 años de edad) de la UE, un 3,8 % lo hace en un país diferente al suyo de origen, lo que suponen 3,7 millones de personas (Parlamento Europeo, 2022).

Como podemos ver en la tabla 8, debido a la tensión política por el conflicto de Ucrania con Rusia, ambos son los dos países con más inmigración al sector turístico de nuestro país. El resto de los países tienen una emigración hacia este sector residual, apenas un 7 % del total de trabajadores extranjeros en el turismo. Estos datos, del 2020, sin embargo, aún no recogen la magnitud de refugiados ucranianos, debido a que la guerra con Rusia comenzó en febrero de 2022. De los cerca de 88.000 ucranianos que han llegado a España entre febrero y agosto de 2022, solo un 13,7 % han conseguido trabajo (12.000 personas), debido a las dificultades de inclusión por el desconocimiento del idioma (Bello Huidobro, 2022). De estos, un 40 % ha encontrado ocupación en el sector del turismo: un 32 % en el sector hostelero y un 8 % en el sector de alojamientos.

Como ya hemos visto, una de las razones principales de la migración es la inestabilidad política, que trae como consecuencia conflictos y guerra, y la búsqueda de un futuro mejor. Sin embargo, a excepción de Ucrania y Rusia, en Europa existe estabilidad política y las rentas per cápita no son tan bajas como en otros continentes, por lo que sus ciudadanos han optado en su mayoría por quedarse en sus países de origen. Aquellos que deciden venir a España prefieren trabajar en sectores más estables que el sector turístico.

4.2. Desde América

Como ya hemos mencionado y evidencia la tabla 9, el grueso del flujo de migración hacia el sector turístico proviene de Iberoamérica, con un aumento de trabajadores de Honduras (9.155), seguido de Colombia (5.413) y Venezuela (4.679). Salta a la vista que una amplia mayoría de los trabajadores comparten la lengua con España. Así, Brasil, EE UU y Canadá, los

Tabla 8: Inmigrantes de Europa con ocupación en el sector turístico (elaboración propia) (Vicepresidencia Segunda del Gobierno, 2022)

País de procedencia	Número de inmigrantes
Albania	82
Bielorrusia	115
Bosnia-Herzegovina	15
Moldavia	108
Rusia	1.074
Serbia	99
Turquía	118
Ucrania	2.861
Resto de Europa	56
Total	4.529

únicos países de habla no hispana en esta lista, suponen solo un 5 % de la inmigración de este continente hacia el sector del turismo.

4.3. Desde África

La tabla 10, con el flujo migratorio desde África, muestra que el país con más autorizaciones concedidas para trabajar en el sector turístico es Marruecos (6.889 autorizaciones), nuestro país vecino. Sin duda, la cercanía y el compartir fronteras (Ceuta y Melilla), demuestran ser un factor determinante a la hora de decidir cambiar de país para encontrar trabajo en el turismo. De hecho, el 78 % de la inmigración africana proviene del norte del continente (AfricaMundi, 2022). Tras Marruecos, Senegal (1.493) es el segundo país con más inmigración hacia el sector turístico español, debido a la inestabilidad que vive el país desde 1982 por los conflictos entre el Gobierno senegalés y las bases rebeldes del MFDC (Movimiento de Fuerzas Democráticas de Casamanza), conocido como el conflicto de Casamanza. Además, la hambruna que vive el continente, según un informe (FAO, 2021) presentado por la Comisión de la Unión Africana, la Organización de las Naciones Unidas para la Alimentación y la Agricultura (FAO) y la Comisión Económica para África de la ONU (CEPA), hace que muchos africanos busquen refugio en Europa. Sin embargo, Francia y Gran Bretaña son los principales países receptores de la inmigración africana, debido a

Tabla 9: Inmigrantes de América con ocupación en el sector turístico (elaboración propia) (Vicepresidencia Segunda del Gobierno, 2022)

País de procedencia	Número de inmigrantes
Argentina	1.487
Bolivia	1.938
Brasil	2.175
Canadá	65
Chile	565
Colombia	5.413
Cuba	2.184
Ecuador	1.166
El Salvador	1.022
Estados Unidos	433
Honduras	9.155
Méjico	579
Nicaragua	4.231
Panamá	57
Paraguay	3.941
Perú	3.581
Rep. Dominicana	1.651
Uruguay	460
Venezuela	4.679
Resto de América	505
Total	45.287

sus lazos coloniales (Portes, 2001). Además, en África siempre ha predominado el desplazamiento de zonas rurales a las urbanas o de una región a otra. Esta es la razón de que menos del 10 % de la migración africana acabe en Europa (IRD, 2022).

4.4. Desde Asia

El país del continente asiático que más trabajadores aporta al sector turístico de nuestro país es China (3.150), seguido de cerca por Pakistán (3.043). Una de las razones por las que destaca la migración china es que, a pesar de que la República Popular China ha sufrido una expansión económica, esto ha llevado al mismo tiempo a una desigualdad económica y social

Tabla 10: Inmigrantes de África con ocupación en el sector turístico (elaboración propia) (Vicepresidencia Segunda del Gobierno, 2022)

País de procedencia	Número de inmigrantes
Angola	18
Argelia	469
Cabo Verde	46
Camerún	180
Egipto	71
Gambia	215
Ghana	210
Ginea Bisau	36
Guinea Conakry	139
Guinea Ecuatorial	262
Malí	228
Marruecos	6.889
Mauritania	43
Nigeria	609
Senegal	1.493
Resto de África	439
Total	11.347

(Correa y Núñez, 2013). Esto ocurre por el desplazamiento de la población china de zonas rurales a las urbes. Sin embargo, debido a que no están empadronados (tienen la obligación de hacerlo en su lugar de origen), tienen muy difícil el acceso a servicios sanitarios, educación o vivienda. Este es un factor esencial para este segmento de la población china, que buscan en España el bienestar social del que carecen en su país (*Ibidem*). Si volvemos la mirada al flujo migratorio que viene desde Pakistán, este se engloba dentro de los problemas políticos y económicos del país. Pakistán, un país en vías de desarrollo, tiene una tasa de pobreza que se encuentra entre el 23 % y el 28 % (Ospina, 2012). Los demás países con más población inmigrante en el sector turístico presentan los mismos problemas que Pakistán, cada uno con sus particularidades. Estos datos muestran que la pobreza de los países en vías de desarrollo trae consigo un aumento del flujo migratorio hacia el sector turístico de nuestro país.

Tabla 11: Inmigrantes de Asia con ocupación en el sector turístico (elaboración propia) (Vicepresidencia Segunda del Gobierno, 2022)

País de procedencia	Número de inmigrantes
Armenia	323
Bangladesh	901
China	3.150
Corea del Sur	105
Filipinas	2.236
Georgia	610
India	1.755
Irán	168
Japón	73
Pakistán	3.043
Resto de Asia	925
Total	13.289

4.5. Desde Oceanía

Finalmente la tabla 12 expone que los flujos migratorios hacia el sector turístico desde Oceanía son prácticamente inexistentes, ya que por localización geográfica y por lazos culturales e idioma, estos migrantes prefieren emigrar a EE UU. Por otro lado, Oceanía es un continente receptor de migrantes, que se conforma en su mayoría de asiáticos (49 %) y europeos (38 %) (OIM, 2021b).

Tabla 12: Inmigrantes de Oceanía con ocupación en el sector turístico (elaboración propia) (Vicepresidencia Segunda del Gobierno, 2022)

País de procedencia	Número de inmigrantes
Oceanía	43
Total	43

5. Reflexiones finales

El sector turístico es uno de los sectores más importantes en nuestro país, aunque se ha visto muy afectado por la pandemia mundial provocada por la covid-19. De hecho, el sector turístico supuso el 5,1 % del PIB en el año 2020, siete puntos menos que en el 2019. Sin embargo, en el año 2021 y, sobre todo, en el 2022 se está recuperando, con cifras que se aproximan a las obtenidas en 2019.

Su impacto no es solo económico, sino también sociocultural y medioambiental. El análisis de todos los datos presentados en el capítulo 1 nos muestra que el desarrollo del sector turístico ha alcanzado la madurez en nuestro país y que debe ir de la mano de planes de turismo que introduzcan modelos de desarrollo turístico sostenibles y respetuosos con el medio ambiente, con especial atención a la masificación de ciertas áreas. De esta manera, la población de las zonas turísticas podrá disfrutar de los beneficios que trae consigo este sector, como son puestos de trabajo, bienestar, el conocimiento de otras culturas, pero siempre respetando los recursos naturales y culturales, para que futuras generaciones puedan seguir conservando y disfrutando de dicha zona.

Un punto importante para la potenciación y modernización de este sector es la digitalización que, aunque con la pandemia ha avanzado mucho, aún es susceptible de un mayor desarrollo, para así conseguir un sector innovador, con una clara ventaja sobre nuestros competidores. Así, la digitalización puede potenciar las 14 categorías de turismo que recoge la OMT y de las que goza nuestro país, consiguiendo no depender únicamente del turismo de sol y playa o de montaña.

Otra realidad de nuestro país (y de la naturaleza humana) es la búsqueda de un futuro mejor fuera de nuestras fronteras. De esta manera, vemos que España hasta la década de 1960 ha sido un país eminentemente emigrante, tanto a ultramar desde el siglo XV, como a países de Europa en el siglo XX y XXI. Con la estabilidad y la bonanza económica, nuestro país pasó de ser emigrante a acoger flujos migratorios. Estos provienen en su mayoría de países iberoamericanos y de nuestro país vecino, Marruecos. Sin embargo, los lazos culturales y el idioma hacen, como nos muestran los datos del

INE, que los hispanos se encuentren más cómodos en nuestro país y que los españoles tienen más afinidad con estos. El idioma no solo facilita la integración de los iberoamericanos, sino que es una razón de peso por la que los latinoamericanos prefieren emigrar a España antes que a otros lugares. Así lo demuestran los flujos migratorios recogidos en el capítulo 2.

Finalmente, tras el análisis del sector turístico, vemos que su supervivencia se debe en parte a la mano de obra inmigrante, que busca su oportunidad en el sector del turismo. Las peculiaridades de este sector, con jornadas prolongadas o partidas y sueldos inferiores a la media nacional o la estacionalidad provocan que los nacionales no quieran dedicarse a él. Esto provoca una sobrerrepresentación de los inmigrantes con una dependencia de la regularización y autorización de trabajo. Sin los inmigrantes, muchas empresas turísticas no podrían abrir las puertas. Este fenómeno ofrece nuevas vías de investigación, para ver cómo se pueden integrar también los nacionales en este sector. Además, vemos esencial que se incluyan mejoras sustanciales en sus condiciones de trabajo en los planes de turismo del Gobierno con el fin de traer a este sector una sostenibilidad no solo económica, sino también medioambiental y sociocultural.

Bibliografía

Acnur. (1967). *Alto Comisionado de las Naciones Unidas para los Refugia-dos*. Obtenido de Protocolo sobre el Estatuto de los Refugiados: https://www.acnur.org/5b076dcd4.pdf [28/10/2022]

AfricaMundi. (2022). *Inmigración africana en España (III): el norte de África*. Obtenido de https://africamundi.es/2022/08/27/inmigracion-africana-en-espana-iii-el-norte-de-africa/ [28/10/2022]

Alonso, J.A.; Gutiérrez, R. (2010). *Lengua y emigración: España y el español en las migraciones internacionales*. Obtenido de https://epri nts.ucm.es/id/eprint/10235/1/DT_14-10.pdf [28/10/2022]

Altinay, L.; Altinay, E. (2006). Determinants of ethnic minority entrepre-neurial growth in the catering sector. *The Service Industries Journal, vol.26*, 203–221.

Amnistía Internacional. (2022). *¿Qué son las devoluciones en caliente? 7 claves para entenderlas*. Obtenido de https://www.es.amnesty.org/en-que-estamos/blog/historia/articulo/que-son-las-devoluciones-en-caliente-7-claves-para-comprenderlo/?utm_source=Grants&utm _medium=ppc&utm_campaign=grants&utm_content=form_so cio&gclid=Cj0KCQjwxIOXBhCrARIsAL1QFCYwJ8sus7XpQKuH qoy [28/10/2022]

Baum, T.; Cheung, C.; Kong, H.; Kralj, A.; Mooney, S.; Thi Thanh, H.N.; Ramachandran, S.; Dropulic Ruzic, M.;Siow, M.L. (2016). Sustaina-bility and the tourism and hospitality workforce: A thematic analysis. *Sustainability vol. 8*.

Bello Huidobro, A. (2022). *El Economista*. Obtenido de *Solo el 14% de los refugiados ucranianos en España tiene trabajo*: https://www.eleconomi sta.es/economia/noticias/11920410/08/22/Solo-el-14-de-los-refugiados-ucranianos-en-Espana-tiene-trabajo.html [28/10/2022]

Bizri, R. M. (2017). Refugee-entrepreneurship: a social capital perspective. *Entrepreneurship and Regional Development, vol. 29*, 847–868.

Boyd-Bowman, P. (1976). Patterns of Spanish Emigration to the Indies until 1600. En P. Boyd-Bowman, *The Hispanic American Historical Review, vol.56, núm.4* (págs. 580–604). Durham: Duke University Press.

Bundesregierung. (2022). *Make it Germany*. Obtenido de *Leben in Deutschland*: https://www.make-it-in-germany.com/de/leben-in-deutschland/deutsch-lernen/deutschkenntnisse [28/10/2022]

Butler, R. (2000). Tourism and the environment: A geographical perspective. *Tourism Geographies, vol.2*, 337–358.

Butler, R. (2012). Mature tourist destinations: can we recapture and retain the magic?. En J. Rebollo, & I. Sánchez, *Renovación y reestructuración de destinos turísticos en áreas costeras* (págs. 19–36). Valencia: Universitat de València.

Calero Lemes, P. (2021). *Tesis doctoral*. Obtenido de Conocimiento e innovación en las nuevas empresas de emprendedores inmigrantes en el sector turístico: una aplicación al sector de la restauración de los destinos insulares. Universidad de las Palmas de Gran Canaria: https://accedacris. ulpgc.es/bitstream/10553/110936/1/Tesis%20doctoral%20Pedro%20 Manuel%20Calero%20Lemes.pdf [28/10/2022]

Calvo Salgado, L.; Fernández Vicente, M.J.; Kreienbrink, A.; Sanz Díaz, C.; Sanz Lafuente, G. (2009). *Historia del Instituto Español de Emigración. La política migratoria exterior de España y el IEE del Franquismo a la Transición*. Madrid: Ministerio de Trabajo e Inmigración.

Camarero, L. (1993). *Del éxodo rural y del éxodo urbano: Ocaso y renacimiento de los asentamientos rurales en España*. Madrid: Ministerio de Agricultura, Pesca y Alimentación.

Carvajal Salazar, S. (2020). *Impactos socioeconómicos y medioambientales del turismo en España. Observatorio Medioambiental*. Madrid: Ediciones Complutense.

Cases Berbel, E.; Nieto García, P. (2018). En C. Fortea, M. Gea, C. Gómez Pérez, M. Guirao, E. Maqueda, M. Marotta, & A. Roales, *Nuevas perspectivas en Traducción e Interpretación* (págs. 79–87). Madrid: Guillermo Escolar.

Castillo Castillo, J. (1980). Emigrantes españoles: la hora del retorno. *Papeles de Economía, núm. 4*, 69–93.

Cazorla Pérez, J. (1989). *Retorno al Sur*. Madrid: Siglo XXI.

CEAR. (2022a). *Comisión Española de Ayuda al Refugiado*. Obtenido de Páginas de interés para inmigrantes y refugiados: https://www.cear. es/apoyo-a-asociaciones-de-personas-refugiadas-y-migrantes/guia-de-recursos/enlaces-de-interes/ [28/10/2022]

CEAR. (2022b). *Comisión de Ayuda al Refugiado*. Obtenido de Diccionario de Asilo: https://diccionario.cear-euskadi.org/centros-de-intern amiento-de-extranjeros-cie/#:~:text=Los%20CIE%20son%20instal aciones%20p%C3%BAblicas,periodo%20m%C3%A1ximo%20de%20 60%20d%C3%ADas [28/10/2022]

CIS. (2017). *Centro de Investigación Sociológica*. Obtenido de Actitudes hacia la inmigración X. Estudio núm. 3190: https://www.cis.es/cis/exp ort/sites/default/-Archivos/Marginales/3180_3199/3190/es3190mar.pdf [28/10/2022]

Cohen, E. (2004). *Major trends in contemporary tourism. Department of Sociology and Anthropology*. Jerusalem: The Hebrew University of Jerusalem.

Colectivo Ioé. (2003). La sociedad española y la inmigración extranjera. *Papeles de Economía Española, núm.* 94, 16–31.

Comisión Europea. (2018). Obtenido de Informe de la Comisión al Parlamento Europeo, Al Consejo y al Comité Económico y Social Europeo sobre la aplicación de la Directiva 2014/54/UE: https://eur-lex.europa. eu/legal-content/ES/TXT/PDF/?uri=CELEX:52018DC0789&from=EN [28/10/2022]

Comisión Europea. (2021). *Estadísticas sobre la emigración a Europa*. Obtenido de https://ec.europa.eu/info/strategy/priorities-2019-2024/ promoting-our-european-way-life/statistics-migration-europe_es [28/10/2022]

Consejo Económico y Social. (2019). *La inmigración en España: efectos y oportunidades*. Obtenido de Informe 2019: https://www.ces.es/docume nts/10180/5209150/Inf0219.pdf [28/10/2022]

Consejo Europeo. (2022). *Infografía – Protección temporal de la UE para las personas desplazadas*. Obtenido de https://www.consil ium.europa.eu/es/infographics/temporary-protection-displaced-pers ons/#:~:text=La%20protecci%C3%B3n%20temporal%20es%20 un,los%20pa%C3%ADses%20de%20la%20UE [28/10/2022]

Convenio entre el Reino de España y el Reino de Marruecos, de 13 de febrero de 2019, sobre cooperación en materia de seguridad y de lucha contra la delincuencia. Boletín Oficial del Estado, núm. 83, del 7 de abril de 2022: https://www.boe.es/boe/dias/2022/07/27/pdfs/ BOE-A-2022-12504.pdf [21/02/2023]

Correa, G.; Nuñez, R. . (2013). Migración y exclusión en China: Sistema hukou. *Problemas del Desarrollo, Revista Latinoamericana de Economía*, vol. 44. núm. 172

Coyle, A. (2021). *National Geographic*. Obtenido de Radiografía de la comunidad china en España: como siempre, como nunca: https://www. nationalgeographic.es/historia/2021/12/asi-vive-comunidad-china-asiat ica-espana [28/10/2022]

CSTE. (2004). *Cuenta Satélite del Turismo de España: Nota metodológica*. Obtenido de Subdirección General de Cuentas Nacionales. INE: https://www.ine.es/metodologia/t35/metosateln.pdf [28/10/2022]

Cuadrado, P.; Montero, J.M. (2022). *Banco de España*. Obtenido de Flujos Migratorios en España durante la crisis del Covid-19 y su incidencia sobre el mercado laboral: https://www.bde.es/f/webbde/SES/Seccio nes/Publicaciones/InformesBoletinesRevistas/BoletinEconomico/Info rme%20trimestral/22/Fich/be2201-it-Rec5.pdf [28/10/2022]

EFE. (2022). *La Vanguardia*. Obtenido de 144.012 extranjeros obtienen la nacionalidad española, 42.000 marroquíes: https://www.lavanguar dia.com/vida/20220603/8311290/144-012-extranjeros-obtienen-nacio nalidad-espanola-42-000-marroquies.html [28/10/2022]

Eimermann, M.; Kordel, S. (2018). International lifestyle migrant entrepreneurs in two new immigration destinations: Understanding their evolving mix of embedded-ness. *Journal of Rural Studies, vol. 64*, 241–252.

EPA. (2022). *Encuesta de Población Activa*. Obtenido de Empleo en turismo: https://www.tourspain.es/es-es/ConocimientoTuristico/Pobl acionActiva/epa1T22.pdf [28/10/2022]

epdata. (2021). *Agencia de datos de Europa Press*. Obtenido de Menores extranjeros no acompañados en España, datos y estadísticas: https:// www.epdata.es/datos/menores-extranjeros-no-acompanados-esp ana-datos-estadisticas/621 [28/10/2022]

Europarc. (2022). *Carta Europea Turismo Sostenible*. Obtenido de https:// redeuroparc.org/carta-europea-turismo-sostenible/ [28/10/2022]

Expansión. (2001). *Población de España en 1960. Datos macro*. Obtenido de España registra un incremento de su población: https://datosmacro. expansion.com/demografia/poblacion/espana?anio=1960 [28/10/2022]

FAO. (2021). *Organización de las Naciones Unidas para la Alimentación y la Agricultura*. Obtenido de Regional overview of food security and

nutrition. Statistics and trends: https://www.fao.org/3/cb7496en/online/
cb7496en.html [28/10/2022]

Fernández, R. (2022). *Porcentaje de participación en el producto interior
bruto (PIB) de los sectores económicos de España de 2008 a 2020.*
Obtenido de statista: https://es.statista.com/estadisticas/501643/distr
ibucion-del-producto-interior-bruto-pib-de-espana-por-sectores-eco
nomicos/ [28/10/2022]

Fernández, R. (2022a). *Flujo migratorio en España.* Obtenido de Statista: https://es.statista.com/estadisticas/472608/flujo-migratorio-en-esp
ana/ [28/10/2022]

Fernández, R. (2022b). *Inmigración ilegal en España.* Obtenido de https://
es.statista.com/temas/5988/inmigracion-ilegal-en-espana/#dossierKey
figures [28/10/2022]

Figuerola, M. (2018). *Futuro del Turismo, ordenación o masificación.*
Obtenido de Mesa del turismo y Universidad Nebrija: https://mes
adelturismo.org/wp-content/uploads/2018/05/Turismo-urbano.pdf
[28/10/2022]

Flores Rodríguez, D.A.; García Catillón, D.C.; Olimón Robles, A.Y.; Piña
Méndez, M.F. (2014). La importancia de las relaciones humanas para la
calidad en el servicio turístico. *Edúcate con ciencia, vol.4,* 6–14.

fundeu RAE (2019). *España vacía y España vaciada, matices.* Obtenido
de https://www.fundeu.es/recomendacion/espana-vacia-y-espana-vaci
ada-matices/#:~:text=En%20definitiva%2C%20los%20tres%20ejemp
los,la%20intenci%C3%B3n%20de%20quien%20comunica.

García, I. (1999). *Operación canguro. El programa de emigración asistida
de España a Australia (1958–1963).* Madrid: Fundación 1° de Mayo.

García-Almeida, D. (2011). *Dirección de empresas turísticas.* Las Palmas
de Gran Canaria: Universidad de Las Palmas de Gran Canaria.

Giles, H.; Coupland, J.; Coupland, N. (1991). *Contexts of accommoda-
tion.* Cambridge: CUP.

Gómez Royuela, M. (2016). *Ministerio de Agricultura, Alimentación y
Medio Ambiente.* Obtenido de Impactos, vulnerabilidad y adaptación
al cambio climático en el sector turístico: https://www.miteco.gob.es/es/
cambio-climatico/temas/impactos-vulnerabilidad-y-adaptacion/impac-
tosvulnerabilidadyadaptacionalcambioclimaticoenelsectorturistico_tc
m30-178443.pdf [28/10/2022]

González, T. (2022). *Hosteltur.* Obtenido de El empleo mejora. ¿Ocurre lo mismo con las condiciones laborales?: https://www.hosteltur. com/152379_el-empleo-mejora-ocurre-lo-mismo-con-las-condicio nes-laborales.html [28/10/2022]

Gratius, S. (2005). *El factor hispano: los efectos de la inmigración latinoamericana a EEUU y España.* Obtenido de Real Instituto El Cano. Estudios internacionales y estratégicos: chrome-extension://efaidnbmn-nnibpcajpcglclefindmkaj/https://www.almendron.com/tribuna/wp-cont ent/uploads/2016/12/PDF-049-2005-E.pdf [28/10/2022]

Gutiérrez, R. (2013). La dimensión lingüística de las migraciones internacionales. *Lengua y Migración, núm.* 5, 11–28.

Hall, M.C.; Müller, D.K. (2004). Introduction: Second Homes, Curse or Blessing?. En M. Hall, & D. MÜller, *Tourism, mobility and second homes* (págs. 3–14). Clevedon: Channel View Publications.

Hernández Pedreño, M.; López Carmona, D.P. (2015). Hacia un nuevo modelo de inserción laboral de los inmigrantes. *Revista Internacional de Estudios Migratorios, vol.* 5, 201–229.

Hosteltur. (2022). *Encuesta de Hosteltur.* Obtenido de Sueldos bajos y muchas horas, lo que desincentiva a buscar empleo turístico: https:// www.hosteltur.com/152047_sueldos-bajos-y-muchas-horas-lo-que-desincentiva-a-buscar-empleo-turistico.html [28/10/2022]

HRW. (2018). *Human Rights Watch.* Obtenido de Informe mundial 2018: https://www.hrw.org/es/world-report/2018 [28/10/2022]

INE. (2022). *Instituto Nacional de Estadística.* Obtenido de Encuesta de Gasto Turístico.Egatur: https://www.ine.es/daco/daco42/egatur/egatur0 622.pdf [28/10/2022]

INE. (2022a). *Instituto Nacional de Estadística.* Obtenido de Contabilidad Nacional Trimestral de España: principales agregados. Cuarto trimestre de 2021. Resultados en el contexto de la crisis COVID-19.: https://www. ine.es/daco/daco42/daco4214/cntr0421a.pdf [28/10/2022]

INE. (2022b). *EPA Encuesta entre la Población Activa.* Obtenido de Horas extraordinarias realizadas por asalariados: https://www.ine.es/jaxiT3/ Tabla.htm?t=4366&L=0 [28/10/2022]

IRD. (2022). *Migraciones africanas: más allá de las fronteras. África.* Obtenido de https://lemag.ird.fr/es/migraciones-africanas-mas-alla-de-las-fronteras [28/10/2022]

Kerr, S.P.; Kerr W.R. (2020). Immigrant entrepreneurship in America: Evidence from the survey of business owners 2007 and 2012. *Research Policy, vol. 49*, 103918.

Koechling, J., Vega, E., & Solórzano, X. (2018). Migración venezolana al Perú: proyectos migratorios y respuesta del Estado. En J. Koechling, & J. Eguren Rodríguez, *El éxodo venezolano: entre el exilio y la emigración* (págs. 47–96). Madrid: Universidad Pontificia Comillas.

Lacomba, J. (2008). *Historia de las migraciones internacionales: historia, geografía, análisis e interpretación.* Madrid: Los libros de la Catarata.

Latek, M. (2019). *Interlinks between migration and development.* Obtenido de Parlamento Europeo: chrome-extension://efaidnbmnnnibpcajpcglclefindmkaj/https://www.europarl.europa.eu/RegData/etu des/BRIE/2019/630351/EPRS_BRI(2019)630351_EN.pdf [28/10/2022]

León Linares, M. (2020). *Retos y oportunidades de la integración migratoria: análisis y recomendaciones para Bogotá D.C.* Obtenido de https://www.kas.de/documents/287914/0/Retos+y+oportunidaades+de+la+integraci%C3%B3n+migratoria+en+Bogot%C3%A1+%28F%29.pdf [28/10/2022]

Levie, J. (2007). Immigration, In-Migration, Ethnicity and Entrepreneurship in the United Kingdom. *Small Business Economics, vol. 28*, 143–169.

Ley 14/2013, de 27 de septiembre, de apoyo a los emprendedores y su internacionalización. Boletín Oficial del Estado, núm. 233, del 28 de septiembre de 2013: https://www.boe.es/eli/es/l/2013/09/27/14/con [21/02/2023]

López de Lera, D. (2006). El impacto de la inmigración extranjera en las regiones españolas. En J. Fernández Cordon, & J. Leal Maldonado, *Análisis territorial de la demografía española* (págs. 233–272). Madrid: Fundación Dernando Abril Martorell.

López Morales, H. (1996). Rasgos generales. En M. Alvar, *Manual de dialectología hispánica. El Español de América* (págs. 19–27). Barcelona: Ariel.

López Morales, H. (1998). *La aventura del español en América.* Madrid: Espasa-Calpe.

López, D. (2022). *CincoDías*. Obtenido de Construcción y hostelería ven un salvavidas en el plan para sumar inmigrantes al empleo: https://cincodias.elpais.com/cincodias/2022/06/03/economia/1654279541_670 315.html [28/10/2022]

Mahleiros, J. (2002). Ethni-cities: Residential patterns in the Northern European and Mediterranean Metropolises- Implication for Policy Design. *International Journal of Population Geography, núm. 8*, 107–134.

Martín Pérez, S. (2012). *La representación social de la emigración española a Europa (956–1975). El papel de la televisión y otros medios de comunicación*. Madrid: Ministerio de Empleo y Seguridad Social.

Mason, P. (2008). *Tourism impacts, planning and management*. Oxford: Butterworth-Heinemann.

McLeod, M. (2014). Analysing inter-business knowledge sharing in the tourism sector. En M. McLeod, & R. Vaughan, *Knowledge networks and tourism* (págs. 157–171). Nueva York: Routledge.

Migrationdataportal. (2022). *Organización Internacional para las Migraciones*. Obtenido de Migración irregular: https://www.migrationdat aportal.org/es/themes/migracion-irregular#definicion [28/10/2022]

Mills, A. (2022). *infobae*. Obtenido de Los hoteles de España y Portugal tienen escasez de personal: https://www.infobae.com/america/mundo/2022/07/04/los-hoteles-de-espana-y-portugal-tienen-esca sez-de-personal-contratan-con-o-sin-experiencia-y-con-sueldos-arr iba-de-la-media/ [28/10/2022]

Ministerio de Inclusión, Seguridad Social y Migraciones. (2022). *Centros de Recepción, Atención y Derivación para desplazados ucranianos*. Obtenido de https://www.inclusion.gob.es/web/ucrania-urgente/w/cent ros-recepcion-atencion-derivacion-desplazados-ucrania [28/10/2022]

Ministerio de Inclusión, Seguridad Social y Migraciones. (2022). *Información sobre trámites y procedimientos – Hojas informativas*. Obtenido de https://extranjeros.inclusion.gob.es/es/InformacionInteres/Informacio nProcedimientos/ [28/10/2022]

Ministerio de Industria, Comercio y Turismo. (2019). *Directrices generales de la estrategia de turismo sostenible de España 2030*. Obtenido de https://turismo.gob.es/es-es/estrategia-turismo-sostenible/Documents/ directrices-estrategia-turismo-sostenible.pdf [28/10/2022]

Miranda, V. (2022). *El nuevo lunes*. Obtenido de Entrevista a Emilio Gallego, Secretario General de Hostelería de España: https://elnuevolu nes.es/entrevistas/emilio-gallego-somos-un-sector-en-reconversion/ [28/10/2022]

Moncloa. (2022). *Ministerio de Inclusión, Seguridad Social y Migraciones*. Obtenido de Más de 124.000 refugiados ucranianos ya tienen protec-ción temporal y 8.100 han encontrado trabajo en tres meses: https:// www.lamoncloa.gob.es/serviciosdeprensa/notasprensa/inclusion/Pagi nas/2022/200622-refugiados-ucrania.aspx#:~:text=En%20poco%20 m%C3%A1s%20de%20tres,en%20Europa%20en%20n%C3%BAm ero%20de [28/10/2022]

Morén-Alegret, R. (2008). Ruralphilia and Urbophobia versus Urbophilia and Ruralphobia? Lessons from Immigrant Integration Processes in Small Towns and Rural Areas in Spain. *Population, Space and Place, vol. 14*, 537–552.

Morén-Alegret, R.; Wladyka, D. (2019). *International Immigration, Inte-gration and Sustainability in Small Towns and Villages. Socio-Territorial Challenges in Rural and Semi-Rural Europe*. Londres: Palgrave Mac-millan / Springer.

Policía Nacional. (2020). *Programas: Plan turismo seguro*. Obtenido de https://www.policia.es/_es/colabora_participacion_planturismoseguro. php# [28/10/2022]

Navarro Sierra, J. (2003). *Tesis Doctoral: Inmigración en España y cono-cimiento de la lengua castellana. El caso de los escolares inmigrados en Aragón*. Lérida: Universidad de Lleida.

OIM. (2021a). *Organización Internacional para las Migraciones*. Obte-nido de Asia y el Pacífico: https://www.iom.int/es/asia-y-el-pacifico [28/10/2022]

OIM. (2021b). *Organización Internacional para las Migraciones (ONU)*. Obtenido de Términos fundamentales sobre migración: https://www. iom.int/es/terminos-fundamentales-sobre-migracion [28/10/2022]

OIM. (2022). *Organización Internacional para la Migración*. Obtenido de Quienes somos: https://www.iom.int/es/quienes-somos

OMT. (2014). *Organización Mundial del Turismo*. Obtenido de Los ganadores de los premios Ulises a la innovación: https://www.unwto.org/es/archive/press-release/2014-01-22/los-ganadores-de-los-premios-ulises-de-la-omt-la-innovacion#:~:text=Los%20Premios%20de%20la%20OMT%20a%20la%20Excelencia%20y%20la,aplicaci%C3%B3n%20innovadora%20de%20los%20conocimientos [28/10/2022]

OMT. (2019). *Organización Mundial del Turismo*. Obtenido de Definiciones de truismo de la OMT.: https://www.e-unwto.org/doi/pdf/10.18111/9789284420858 [28/10/2022]

OMT. (2021). *Organización Mundial del Turismo*. Obtenido de El Barómetro del turismo Mundial: https://www.e-unwto.org/loi/wtobarometereng [28/10/2022]

OMT. (2022). *Organización Mundial del Turismo*. Obtenido de Glosario de términos turísticos: https://www.unwto.org/es/glosario-terminos-turisticos [28/10/2022]

OMT. (2022a). *Organización Mundial del Turismo*. Obtenido de El Barómetro del turismo Mundial: https://webunwto.s3.eu-west-1.amazonaws.com/s3fs-public/2022-01/220118-Barometersmall.pdf? PBIQ dr4u_qM0w56.l0NpfGPzylGu6Md [28/10/2022]

ONU; OMT. (2010). *International Recommendations for Tourism Statistics – 2008*. Obtenido de Department of Economic and Social Affairs: https://unstats.un.org/unsd/publication/Seriesm/SeriesM_83rev1e.pdf#page=12 [28/10/2022]

Orden ISM/1485/2021, de 24 de diciembre, por la que se regula la gestión colectiva de contrataciones en origen para 2022. *Boletín Oficial del Estado*, núm.313, de 30 de diciembre 2021: https://www.boe.es/eli/es/o/2021/12/24/ism1485/dof/spa/pdf

Ospina, G. (2012). Pakistaníes en Madrid. *UNISCI Discussion Papers, núm. 28*.

Panosso Netto, A.; Lohman, G. (2012). *Estacionalidad. Teoría del Turismo: Conceptos, modelos y sistemas*. México: Trillas.

Parainmigrantes. (2021). *Extranjería y nacionalidad española*. Obtenido de Ciudadanos Británicos tras el Brexit: Residencia en España: https://www.parainmigrantes.info/ciudadanos-britanicos-tras-el-brexit-residencia-en-espana/ [28/10/2022]

Parlamento Europeo. (2022a). *Ficha técnica sobre la Unión Europea.* Obtenido de https://www.europarl.europa.eu/factsheets/es/sheet/41/la-libre-circulacion-de-trabajadores [28/10/2022]

Parlamento Europeo. (2022b). *La libre circulación de trabajadores.* Obtenido de Fichas técnicas sobre la Unión Europea: www.europarl.europa.eu/ftu/pdf/es/FTU_2.1.5.pdf [28/10/2022]

Parra, R. (2020). *Regularización en España.* Obtenido de https://romulop arraabogado.com/regularizar-mi-situacion-en-espana-sin-tener-que-vol ver-a-mi-pais-inmigrantes-sin-papeles [28/10/2022]

Pedak, M. (2018). *The Effect of Tourism on GDP.* Obtenido de PFG en Económicas. Jönköping University: http://hj.diva-portal.org/smash/get/diva2:1244289/FULLTEXT01.pdf [28/10/2022]

Pega, F; Náfrádi, B; Momen, N.C., Ujita, Y.; Steicher, K.N.; Prüss-Üstün, A.M.; Descatha, A.; Driscoll, T.; Fischer, F.M.; Godderis, L.; Kiiver, H.M.; Li, J.; Magnusson, L.L.; Rugulies, R.; Sorensen, KK.; Woodruff, T.J.;. (2021). Global, regional and national burdens of schemic heart disease and stroke attributable to exposure to long working hours for 194 countries, 200–2006: A systematic analysis from the WHO/ILO – Joint Estimates of the Work-related Burden of Disease and Injury. *Environment International, vol. 154.*

Pellejero Martínez, C. (2002). La política turística en la España del siglo XX: una visión general. *Revista Historia Contemporánea vol. 25,* 223–265.

Pérez-Camarés, A., Ortega-Rivera, E.; López de Lera, D.; Domínguez-Mújica, J. (2018). Emigración española en tiempos de crisis (2008–2017): análisis comparado de los flujos a América Latina y Europa. *Notas de Población, núm. 107,* 11–40.

Perlik, M.; Membretti, A. (2018). Migration by Necessity and by Force to Mountain Areas: An Opportunity for Social Innovation. *Mountain Research and Development, vol. 38,* 250–264.

Porras, C. (2022a). *Hosteltur.* Obtenido de Entrevista a Pedro Calero: https://www.hosteltur.com/150744_los-emprendedores-inmigrantes-aportan-innovacion-al-sector-turistico.html [28/10/2022]

Porras, C. (2022b). *Hosteltur.* Obtenido de La hostelería necesita ser más atractiva para el empleo: https://www.hosteltur.com/151923_j ose-luis-yzuel-la-hosteleria-necesita-ser-mas-atractiva-para-el-empleo. html [28/10/2022]

Portes, A. (2001). Immigration and the Metropolis: Reflections on Urban History. *Journal of International Migration and Integration*, 153–175.

Protsch, P.; Solge, H. (2017). Going across Europe for an apprenticeship? A factorial survey experiment on employers' hiring preferences in Germany. *Journal of European Social Policy vol.27*, 387–399.

Ministerio de Hacienda y Función Pública (2017). *Tratados de la Unión Europea*. Obtenido de https://www.hacienda.gob.es/es-ES/Areas%20Te maticas/Internacional/Union%20Europea/Paginas/Tratados%20UE. aspx [28/10/2022]

Ramírez Vázquez, E; De la Cruz Dávila, J. (2020). Turismofobia: un análisis social desde los medios de comunicación. *Boletín Científico INVESTIGIUM. De la Escuela Superor de Tizayuca, 5 (10)*, 33–37.

Ramírez, C.; García D.M.; Miguez, J. (2005). *Cruzando fronteras: Remesas, género y desarrollo*. Santo Domingo: Instraw, ONU.

Real Decreto 629/2022, de 26 de julio, sobre derechos y libertades de los extranjeros en España y su integración social, tras su reforma por Ley Orgánica 2/2009, aprobado por el Real Decreto. *Boletín Oficial del Estado*, núm. 179, del 27 de julio de 2022: https://www.boe.es/boe/ dias/2022/07/27/pdfs/BOE-A-2022-12504.pdf [21/02/2023]

Redondo de Sa, M; Postigo Mota, S. (2021). La España vaciada. *Revista Rol de Enfermería, núm. 44*, 21–32.

Robledo Hernández, R. (1988). La crisis agraria a finales del XIX: una reconsideración. En R. Garrabou i Segura, *La crisis agraria de finales del siglo XIX* (págs. 212–244). Gerona: Crítica.

Romagosa, F.; Mendoz, C.; Mojica, L.; Morén-Alegret, R. (2020). Inmigración internacional y Turismo en espacios rurales. El caso de los micropueblos de Cataluña. *Cuadernos de Turismo, núm. 46*, 319–347.

Romero Ternero, M. (2014). *Productos, servicios y destinos turísticos. HOTG0208 (1ª edición)*. Málaga: IC Editorial.

rtve. (2022). *Noticias de rtve.es*. Obtenido de El coronavirus hunde el PIB turístico en 2021: cae un 42,8% y retrocede a niveles de 2003: https:// www.rtve.es/noticias/20220113/pib-turistico-cayo-428-2021-bajo-nive les-2003/2255021.shtml [28/10/2022]

RV4V. (2022). *Plataforma de Coordinación Interagencial para Refugiados y Migrantes*. Obtenido de Refugees and migrants needs analysis: https:// www.r4v.info/es/home [28/10/2022]

Sánchez Alonso, B. (1995). *Las causas de la emigración española, 1880–1930.* Madrid: Alianza.

Sánchez Alonso, B. (2011). La inmigración en España: perspectivas innovadoras. *Revista internacional de sociología (RIS), vol. 69,* 243–268.

Sánchez Alonso, B. (2015). *Universidad San Pablo CEU.* Obtenido de Mitos de la emigración española: https://repositorioinstitucional.ceu.es/bitstream/10637/7132/1/Mitos_SanchezAlonso_LeccFEco_2015.pdf [28/10/2022]

Sancho Pascual, M. (2013). La integración sociolingüística de la inmigración hispana en España. *Lengua y migración, núm. 5,* 91–110.

Sarig, R; Fornai, C.; Pokhojaev, A.; May, H.; Hans, M.; Latimer, B.; Barzilai, O.; Quam, R.; Weber, G.W. (2021). The dental remains from the Early Upper Paleolithic of Manot Cave, Israel. *Journal of Human Evolution, vol. 160,* 102648.

Secretaría de Estado de Seguridad. (2011). *Ministerio del Interior.* Obtenido de Instrucción N° 7/2011 de la secretaría de Estado de Seguridad, para la aprobación y ejecución del «Plan Turismo Seguro»: https://www.interior.gob.es/opencms/pdf/servicios-al-ciudadano/planes/Plan-Turismo-Seguro-2021/Instruccion-del-Plan-Turismo-Seguro.pdf [28/10/2022]

Secretaría General de Industria y de Pymes. (2022). *En qué consiste el DAFO.* Obtenido de https://dafo.ipyme.org/Home#&&q=en-que-consiste [28/10/2022]

Segittur. (2022). *Secretaría de Estado de Turismo. Ministerio de Industria, Comercio y Turismo.* Obtenido de Planes Nacionales de Turismo: https://www.segittur.es/sala-de-prensa/planes-nacionales-de-turismo/ [28/10/2022]

SEPE. (2022). *Servicio Público de Empleo Estatal. Observatorio de las ocupaciones.* Obtenido de Informe del mercado de trabajo de los extranjeros: https://sepe.es/HomeSepe/dam/SiteSepe/contenidos/que_es_el_sepe/publicaciones/pdf/pdf_mercado_trabajo/2022/Informe-Mercado-Trabajo-Extranjeros-2022-datos2021.pdf [28/10/2022]

SISPE. (2022). *Servicios Públicos de Empleo.* Obtenido de Resumen datos estadísticos: https://www.sepe.es/HomeSepe/que-es-el-sepe/estadisticas/datos-avance/datos.html [28/10/2022]

Solé, C; Parella, S.; Cavalcanti, L. (2007). *El empresariado inmigrante en España. Colección de Estudios Sociales.* Barcelona: Fundación la Caixa.

Trudgill, P. (1986). *Dialects in contact*. Oxford: Basil Blackwell.

Turespaña. (2021). *Ministerio de Industria, Comercio y Turismo*. Obtenido de Plan Estratégico de Marketing 2021–2024: https://www.toursp ain.es/es-es/con%C3%B3zcanos/plan-estrat%C3%A9gico-de-market ing-2021-2024 [28/10/2022]

Turespaña. (2022a). *Ministerio de Industria, Comercio y Turismo*. Obtenido de El empleo turístico supera por vez primera el nivel prepandemia con 2,5 millones de afiliados: https://www.lamoncloa.gob.es/serviciosd eprensa/notasprensa/industria/Paginas/2022/190522-empleo-turistico. aspx [28/10/2022]

Turespaña. (2022b). *Ministerio de Industria, Comercio y Turismo*. Obtenido de Misión y Visión: https://www.tourspain.es/es-es/con%C3%-B3zcanos/qui%C3%A9nes-somos [28/10/2022]

Turijobs. (2020). *Informe sobre empleo en turismo*. Obtenido de www. turijobs.com/static/docs/sp/informes-turijobs-02.pdf [28/10/2022]

Turismo España. (2022). *Portal oficial de turismo de España*. Obtenido de Espacios naturales con certificación CET: https://www.spain.info/es/ consulta/espacios-naturales-ecoturismo/ [28/10/2022]

Ugalde, R. (2022). *El confidencial*. Obtenido de Alerta en el turismo por falta de empleo cualificado y el alza de los costes salariales: https://www. elconfidencial.com/empresas/2022-04-08/alerta-empleo-turistico-inflac ion-falta-mano-obra_3405460/ [28/10/2022]

Unicef. (2021). *Fondo de las Naciones Unidas para la Infancia*. Obtenido de Niños, extranjeros, y solos en España: cuando la desprotección se multiplica: https://www.unicef.es/blog/ninos-extranjeros-y-solos-en-esp ana-cuando-la-desproteccion-se-multiplica [28/10/2022]

Vespe, M.; Natale, F.; Pappalardo, L. (2017). Data sets on irreglar migration and irregular migrants in the European Union. *Migration Policy Practice, vol. 7*, 26–33.

Vicepresidencia Segunda del Gobierno. (2022). Obtenido de Avance Anuario de Estadísticas 2021: https://www.mites.gob.es/es/estadisticas/anuar ios/2021/index.htm [28/10/2022]

Vilar Ramírez, J. (2000). Las emigraciones españolas a Europa en el siglo XX. *Migraciones & Exilios: Cuadernos de la Asociación para el estudio de los exilios y migraciones ibéricos contemporáneos, núm.1*, 131–159.

Ward, C.; Bochner, S.; Furnham, A. (2001). *The psychology of culture shock*. East Sussex: Routledge.

Índice de gráficos

Índice de tablas

**Studien zur romanischen Sprachwissenschaft
und interkulturellen Kommunikation**

Herausgegeben von Gerd Wotjak, José Juan Batista Rodríguez und Dolores
García-Padrón

Die vollständige Liste der in der Reihe erschienenen Bände finden Sie auf
unserer Website

https://www.peterlang.com/view/serial/SRSIK

www.peterlang.com

www.ingramcontent.com/pod-product-compliance
Lightning Source LLC
Chambersburg PA
CBHW030458100426
42813CB00002B/265